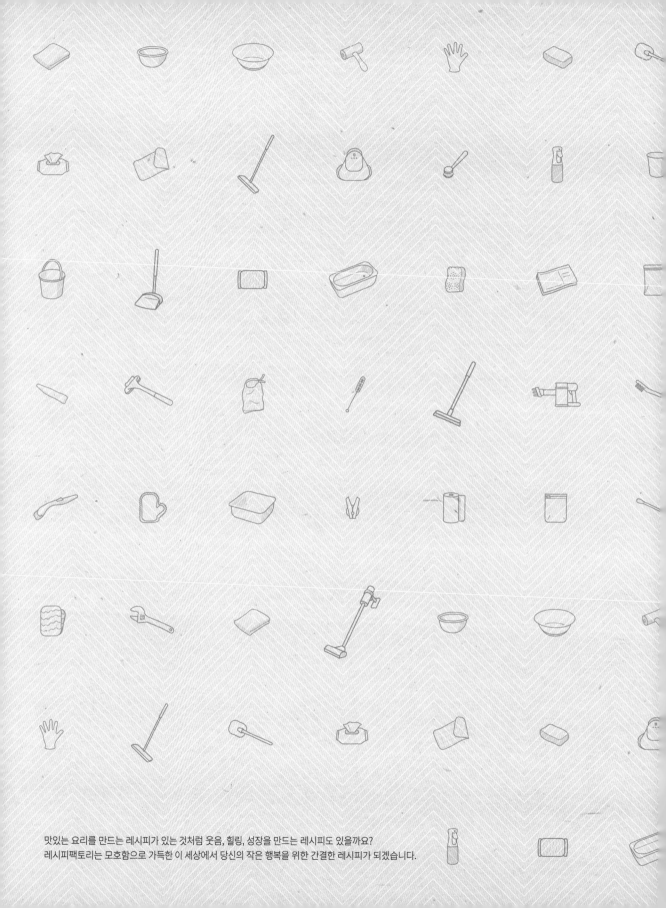

맛있는 요리를 만드는 레시피가 있는 것처럼 웃음, 힐링, 성장을 만드는 레시피도 있을까요?
레시피팩토리는 모호함으로 가득한 이 세상에서 당신의 작은 행복을 위한 간결한 레시피가 되겠습니다.

그대로 따라 하면 달라지는
우리집 구석구석
청소 레시피 90개

진짜 기본 청소책

가장 심플하고 지속 가능한,
누구나 따라 할 수 있는,
청소 레시피를 담았습니다

"두룸 님이 소개하는 청소법이 제일 현실적이고 따라 하기 쉬워요!."
<진짜 기본 청소책> 작업이 한창이었던 어느 날, 인스타그램 이웃으로부터 받은 메시지예요.
마감으로 힘든 시기에 이 메시지를 받고 얼마나 힘이 났는지 모릅니다. 내가 그동안 만들고 나누었던
청소 콘텐츠와 정보들이 이렇게 도움이 되고 있구나가 실감이 나면서 그것을 직접 표현해 주신 것에
너무 감사했지요. 책을 만들 수 있는 용기도 더 생겼고요. 이렇듯 저에게 SNS는 특별한 존재입니다.

내가 좋아하는 청소로 인해 삶이 달라졌어요
처음 인스타그램을 시작한 건 2021년 11월이었어요. 간단한 청소팁이나 편리한 수납법,
신박한 살림용품을 찾아서 사용해 보기를 좋아했고, 이를 기록하고 싶어 하나둘 SNS에 올렸지요.
청소, 정리 등 다양한 살림 정보들 중에서도 특히나 청소와 관련된 콘텐츠를 많이들
사랑해 주셨어요. 깨끗하게 청소된 모습을 보면 내 속이 시원하다며 같이 좋아해 주시거나
그대로 따라서 청소해 보신 분들의 칭찬 가득한 후기들이 올라왔지요. 덕분에 저의 SNS도
많은 주목을 받게 되었습니다.
사실 그 시기에 저는 심각한 번아웃을 겪고 있었어요. 일과 육아, 살림을 아무리 열심히 해도
드러나는 성과는 없는 것 같고, 인정해 주는 이도 없다는 생각이 들었어요. 그 우울함을 이겨내기
위해 좋아하는 청소에 몰두하고 기록한 것뿐인데 그걸 좋아해 주고 인정하는 분들이 생기게 되면서
힘든 시기를 이겨낼 수 있었답니다. 그리고 그 시간이 쌓이면서 생각지 못한 일들도
많이 찾아왔지요. 좋아했던 브랜드와의 협업부터 방송 섭외, 그리고 <진짜 기본 청소책>까지
출간하게 된 것입니다.

작은 루틴으로 시작한 청소가 나를 움직이는 원동력이 됩니다
제가 이 이야기를 꺼낸 건 독자님들도 우선 청소를 '시작'해보시라고 말씀드리기 위해서예요.
주변이 어지러우면 기분도 같이 가라앉게 되고, 그러면 빠져나오지 못하는 동굴로
들어가게 되어버리거든요. 물론 계획 없이 무턱대고 청소를 하면 끝이 없는 느낌에 지치게 될 수도
있습니다. 그래서 제가 강조하는 게 매월 1일 청소, 요일 청소와 같이 가벼운 루틴들이지요.
작은 것들을 하루하루 지켜나가다 보면 나를 둘러싼 공간이 단정하게 바뀌게 되고,

보람도 느끼면서 결국은 나를 움직일 수 있는 원동력이 되거든요.

물론 매일 청소만 하며 보내자는 건 아닙니다. 저 또한 그걸 원하지 않기에 보다 간편하고
효율적인 청소 방법이 있는지 늘 고민했지요. 짧고 빠르게, 하지만 확실히 청소를 끝내는 방법을
찾거나, 청소를 자주 하지 않아도 되는 환경을 세팅하는 데 에너지를 아끼지 않았어요.
그렇기 때문에 조금이라도 편한 청소나 살림을 위한 아이템이 있다면 기꺼이 투자하고
경험해 보았고, 실패도 많았지만 그 과정 속에서 뭔가 또 경험하고, 함께 이야기할 수 있다고
생각합니다. 이런 경험을 통해 찾아낸 최상의 방법을 이번 책에 모두 담아낼 수 있었고요.

실패와 경험을 담은, 지속 가능한 쉽고 기본적인 청소법을 소개했어요

청소도 심플해야 지속할 수 있다고 생각하기에 <진짜 기본 청소책>에는 누구나 따라 할 수 있을 만큼
쉽고 기본적인 청소법을 소개했습니다. 또한 이 청소법을 마치 요리처럼 레시피화 해서
필요한 청소만 펼쳐 놓고 따라 하면 성공할 수 있도록 재료부터 도구, 청소 과정 하나하나 상세히
담았지요. 이 책이 청소를 시작할 때 또는 어떻게 해야 할지 막막할 때 늘 찾게 되는 그런 책이
되었으면 하는 마음입니다. 저는 청소 자체를 좋아하기도 하지만, 청소 후의 단정하고 쾌적한 집을
볼 때 느끼는 즐거움을 사랑해서 더 부지런히 움직이는 것 같아요. 어젯밤 내가 깔끔하게 마무리한
주방을 아침에 마주했을 때, 모닝 루틴으로 리셋된 주방에서 새로운 하루를 시작할 때, 보송보송한
바닥에 발이 닿을 때의 그 행복감을 위해서 말이지요. 그리고 땀 흘려 청소한 후 마시는 아이스커피
한 잔의 기쁨도 빼놓을 수 없고요. <진짜 기본 청소책>을 통해 이 기분을 함께 느껴봐 주시길 바랍니다.

마지막으로 책 작업을 하는 동안 많은 도움을 주신 부모님과 남편, 편지로 무한 응원을 보내준
두 딸, 그리고 항상 응원해 주고 기다려 주신 저의 인스타그램 친구분들에게 감사를
전하고 싶습니다. 저는 앞으로도 많은 분들의 청소, 살림에 도움이 되는 정보들을 꾸준히 공유할
예정이에요. 책을 보면서 궁금한 부분은 언제든 인스타그램 또는 유튜브에 남겨주시면
최대한 콘텐츠에 반영하여 설명드리도록 하겠습니다.

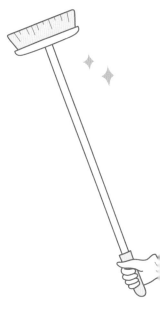

———————————————————————— 2024년 여름 정두미(두룸) 드림

CONTENTS

CHAPTER 1

청소가 쉬워지는
청소 루틴

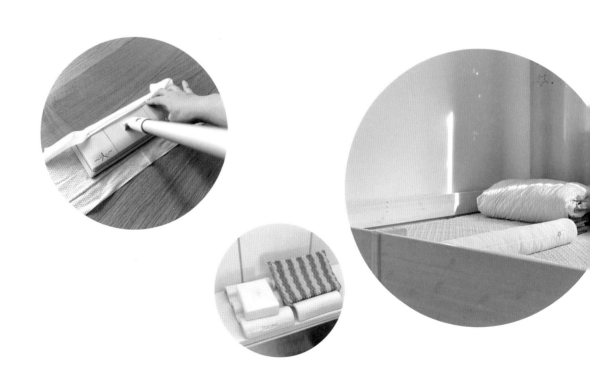

CHAPTER 2

그대로 따라 하면
금방 끝나는
청소 레시피

★ 집마다 공간, 가구, 가전 등이 다르기
때문에 참고해 청소하세요.

<친짜 기본 청소책> 활용법

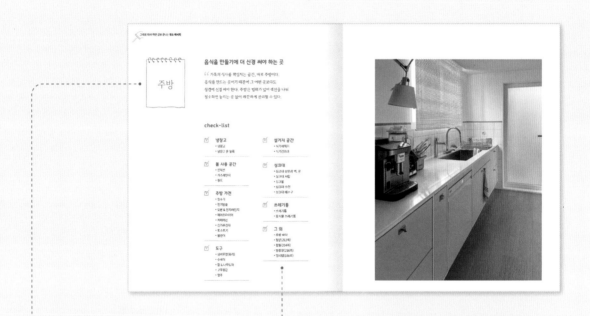

주방, 욕실, 거실 & 현관,
침실 & 아이방,
드레스룸 & 이불장 & 화장대,
세탁실 & 창문, 그리고
계절가전으로 나눠
청소 레시피를 담았습니다.
원하는 구역을 바로 찾아보세요.

해당 구역의 세부 청소 내용을
빠르게 찾아볼 수 있도록
체크 리스트로 적어뒀습니다.

원하는 청소 공간이나 아이템을 한눈에
확인 가능합니다. 더불어 저자의 생생 노하우,
경험담도 만날 수 있습니다.

과정 사진과 설명을 1:1 방식으로
넣었어요. 청소 레시피를 그대로
따라 하기에 훨씬 편하답니다.

청소 주기, 소요 시간을
적어두었습니다.
좀 더 계획적인
청소가 가능해요.

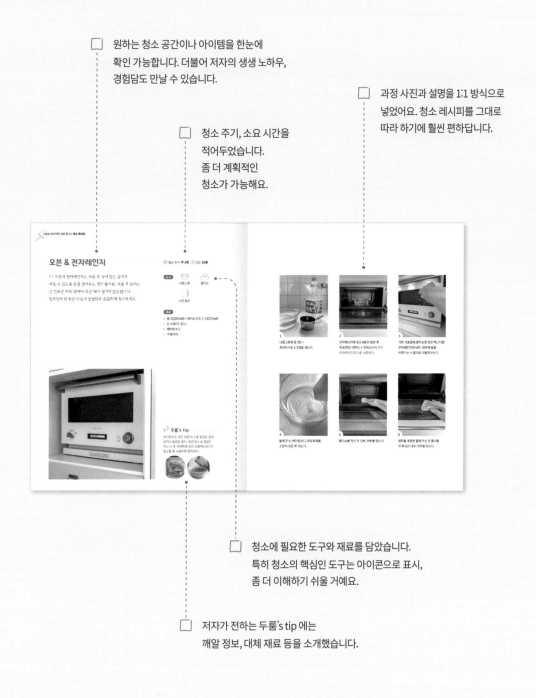

청소에 필요한 도구와 재료를 담았습니다.
특히 청소의 핵심인 도구는 아이콘으로 표시,
좀 더 이해하기 쉬울 거예요.

저자가 전하는 두룸's tip 에는
깨알 정보, 대체 재료 등을 소개했습니다.

미리 알고
구비하는
청소 세제와
도구

제가 사용하는 청소 세제와 도구를 소개합니다. 한꺼번에 구입하기보다는
성향에 맞춰 청소할 때마다 하나둘씩 준비해 보세요. 또한 저만의 세제 레시피와 도구를
더 효율적으로 사용할 수 있는 세팅 방법도 확인하세요.

★ 구매하실 분들을 위해 정확한 제품명을 함께 표기했습니다. 다만 제품명은 브랜드의 사정에 따라 변동될 수 있습니다.

✓ 필수템 꼭 갖춰야할 아이템   ✓ 옵션템 있으면 청소가 더 쉬워지는 아이템

세제 check-list

✓ **소독수** 진로발효 바이오크린콜 75%

✓ **화이트식초** 오뚜기 화이트식초

✓ **주방세제** 화이트트리 안심 주방세제

✓ **설거지비누** 바로우 더 베이직 워싱바

✓ **식기세척기 클리너** 자연풍 스팀워시 식기세척기 클리너

✓ **세탁조 클리너** 닥터베크만 세탁조 클리너

✓ **욕실 청소용 락스 세정제** 크러쉬 욕실용 락스 세정제

✓ **배수구 클리너** 홈스타 욕실 하수구 클리너 / 세면대 배수관 클리너

✓ **플로어 클리너** 코알라에코 플로어 클리너

도구 check-list

✓ **분무기** 에어 라파 압축 스프레이 분무기 대형

✓ **세척솔(긴 것)** 프로 4Z 고무 브러시 / 바이칸 욕실 바닥솔

✓ **세척솔** 이케아 벨보르다드 식기세척 브러시

✓ **틈새솔** 자주 락앤락용기 전용세척솔

✓ **작은솔** 바이칸 틈새 브러시

✓ **밀대(긴 것, 걸레 & 돌돌이 & 욕실용 스펀지 사용)** 무인양품 밀대

✓ **스퀴지(긴 것)** 2단 롱 스퀴지

✓ **빨아 쓰는 행주** 따꼬 빨아쓰는 생분해 행주

✓ **제로 스크래치 수세미** 3M 스카치 브라이트 제로 스크래치 도트 수세미

✓ **극세사 행주** 프로그 레인보우 극세사 행주

✓ **먼지떨이** 스위퍼 더스터 먼지떨이(180, 360 2가지)

✓ **청소기** 무선청소기 / 샤크 에보 파워 시스템 NEO+
　　로봇청소기 / 로보락 S8 MaxV Ultra

✓ **세제가 함유된 수세미** 3M 스카치 브라이트 슬림 베이킹소다 크린스틱 시트

✓ **빗자루 & 쓰레받기** 이케아 페프리그 쓰레받기 빗자루 세트

✓ **물걸레 로봇청소기** 에브리봇 쓰리스핀 EVO

✓ **세정 티슈** 프레이포잇 멀티클리너 티슈

✓ **손잡이와 뚜껑이 있는 양동이** 무인양품 뚜껑식 양동이

✓ **물걸레 청소포 & 정전기 청소포** 노브랜드 물걸레 청소포 & 정전기 청소포

세제

✓ **필수템** 꼭 갖춰야할 세제 　✓ **옵션템** 있으면 청소가 더 쉬워지는 세제

✓ **1 소독수**

진로발효 바이오크린콜 75% 식물성 원료에서 추출한 주정을 주성분으로 만든
제품이다. 식품이나 채소, 과일을 보관할 때 뿌려두면 신선도 유지, 보존기한이
길어지는 효과가 있고, 도마, 행주 등의 살균, 소독 용도로도 사용 가능하다.
에탄올 농도는 70% 정도일 때 가장 살균 효과가 좋은 편. 너무 높아도 금방
기화되어서 효과가 떨어진다. 이에 바이오크린콜 중에서도 농도 75% 제품을
사용 중인데, 살균 소독이 필요한 곳은 물론 기름때 제거와 가벼운 청소 시에도
활용이 가능해서 집안 곳곳에 사용하는, 없어서는 안 될 청소 필수템.
평소에는 바이오크린콜로 주방을 전체적으로 닦아서 마무리하고 일주일에
한 번 정도 키친클리너와 주방세제를 활용해 꼼꼼하게 청소한다.
바이오크린콜은 특성상 쉽게 증발하니 오염부위에 뿌린 후 빠르게 닦는 것을
추천한다. 책에서는 간단하게 바이오크린콜로 표기하였다.

✓ **2 화이트식초**

오뚜기 화이트식초 청소나 세척 시에는 화이트식초를 주로 사용한다.
식기세척기나 텀블러 세척에 쓰거나, 분무기에 담아 각종 가전제품에 뿌리면
얼룩 없이 깨끗하게 닦을 수 있다. 사과나 현미식초에는 첨가물이 들어 있어
2차 오염을 일으킬 우려가 있으므로 권하지 않는다.

✓ **3 주방세제**

화이트트리 안심 주방세제 설거지할 때는 설거지비누를 주로 사용하고 있어
주방세제는 청소용으로 주로 활용하고 있다. 설거지 후 싱크볼 오염제거뿐 아니라
물에 소량 희석(물 250㎖ + 주방세제 1방울)하여 사용하면 청소가 편리하다.
분무기에 담아 준비해두고 필요할 때 마른 걸레에 뿌려 닦으면
찌든 때와 끈적하게 눌어붙은 먼지를 깔끔하게 제거할 수 있다.

1

2

3

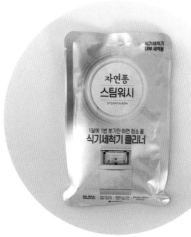

5

4

6

✓ 4 설거지비누

바로우 더 베이직 워싱바 화학 성분으로 만들어진 주방세제보다
안전한 성분의 설거지비누를 사용하면 주방용품과 행주를 보다
마음 편하고 깔끔하게 세척할 수 있다. 설거지뿐만 아니라 과일을 씻거나
손세정 시에도 안심하고 사용할 수 있다.

✓ 5 식기세척기 클리너

자연풍 스팀워시 식기세척기 클리너 가루 형태의 식기세척기 클리너는
한 달에 한 번 식기세척기 청소 때 사용한다. 식기세척기도 꾸준히 관리해
주어야 세정력도 유지되고 악취가 생기지 않고 오래 잘 사용할 수 있다.

✓ 6 세탁조 클리너

닥터베크만 세탁조 클리너 액상으로 되어 있어 사용이 편리하고
세정력이 좋은 제품. 한 통이 1회 분량이다 보니 사용 전에 먼저 소량을
물에 희석해 세탁기의 세제통 세척, 유리문과 고무패킹을 닦은 후
남은 제품을 모두 넣고 고온으로 돌려 세탁조를 청소하면 된다.

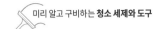

8

7

9

☑ **7 욕실 청소용 락스 세정제**

크러쉬 욕실용 락스 세정제 입구가 뾰족해 세척솔 없이도 변기 물구멍 틈새까지
청소할 수 있는 제품이다. 락스와 세제가 하나로 되어 있어 세정력이 뛰어나고
짧은 시간 내에 청소를 효과적으로 끝낼 수 있다. 욕실 곳곳의 곰팡이 제거에도 효과적.

☑ **8 배수구 클리너**

홈스타 욕실 하수구 클리너 / 세면대 배수관 클리너 구입 시 동봉된 컵에 클리너만
부어주면 욕실의 배수구, 세면대 배수구를 깨끗하게 청소할 수 있는 제품.
손이 닿지 않는 내부의 깊은 곳까지 깨끗하게 관리할 수 있어 욕실 악취 제거에도 도움이 된다.

☑ **9 플로어 클리너**

코알라에코 플로어 클리너 바닥 물걸레 청소 시 사용하는 제품. 100% 식물성 재료로
만들어져 안전하게 사용할 수 있다. 얼룩 제거에 효과적일 뿐만 아니라 광택을 살려주고,
청소 후 향기까지 더할 수 있다.

알아두면 좋은 천연 세제

청소를 하다 보면 한 번쯤은 만나는 천연 세제들을 소개한다.
사용하는 방법이 비슷한 듯 다르기 때문에 특징을 미리 알아두는 것이 좋다.

☐ **구연산**
대표적인 산성 천연 세제인 구연산은 알칼리성 오염 제거에 도움을 준다.
예전에는 베이킹소다와 함께 사용하면 세정 효과가 좋다고 알려졌지만
실제로는 되려 중화되면서 세정 효과가 크게 떨어질 수 있다. 구연산은 단독으로 사용,
스테인리스 주전자에 생기는 알칼리성 오염을 손쉽게 제거하거나
온수에 녹여 구연산수(22쪽)로 만들어 화장실 바닥이나 변기, 하수구 등에 뿌리면
탈취 효과를 볼 수 있다. 세탁 시 사용하면 세탁물이 뻣뻣해지는 것을 막아주는
역할도 하므로 섬유유연제 대신 사용해도 좋다.

☐ **과탄산소다**
강한 세정력의 알칼리성 세제인 과탄산소다는 살균, 표백 효과를 기대할 수 있어
세탁뿐 아니라 각종 배수구 청소는 물론 강한 세정력이 필요한 청소에도 두루
활용한다. 단, 강한 표백 효과로 세탁 시 색깔 옷의 물 빠짐이 있을 수 있으니 주의하자.
또한 고무장갑을 꼭 착용하고 환기를 충분히 하며 사용해야 한다.

☐ **베이킹소다**
약 알칼리성인 베이킹소다는 안전하면서도 다양하게 사용할 수 있다는 장점 때문에
가정에서 많이 활용되고 있는 대표 천연 세제이다. 욕실, 주방 등의 가벼운 생활 오염
제거와 스테인리스 제품의 연마제 제거 시 주로 활용하고 있다.

☐ **세스퀴소다**
세스퀴소다는 베이킹소다와 과탄산소다 중간 정도의 높은 알칼리성 세정제로
강력한 세척력을 가진 천연 세제이다. 세정력이 비교적 약한 베이킹소다 대신
사용하면 욕실과 주방의 물때와 기름때를 효과적으로 제거할 수 있다.
찬물에도 잘 녹아 세스퀴소다수(22쪽)를 만들어 주방 기름때 제거에 주로 사용하고
있다. 세탁 시 사용하면 세탁효과 향상에 도움이 되고 집안 곳곳의 기름, 얼룩 제거와
욕실 청소에도 활용이 가능하다.

도구

✓ 필수템 꼭 갖춰야할 도구   ✓ 옵션템 있으면 청소가 더 쉬워지는 도구

✓ 1 분무기

에어 라파 압축 스프레이 분무기 대형 다른 분무기와 달리 원하는 곳에
빠르고 고르게 한 번에 분사가 가능하다. 물 외에도 청소를 위해 필요한
각종 천연 세제나 희석액 등을 담아 사용하면 좋다.

✓ 2 세척솔(긴 것)

프로 4Z 고무 브러시 / 바이칸 욕실 바닥솔 서서 욕실 바닥을 청소할 수 있는,
손잡이가 긴 세척솔. 작은솔로 쪼그리고 앉아 바닥을 닦다가
이 제품들을 사용하고 나서부터는 욕실 청소에 대한 부담이 줄었다.
고무 브러시 형태의 제품은 세정력이 좋을 뿐 아니라 길이 조절이 가능하고
헤드를 교체하면 욕실 천장, 벽도 청소할 수 있어서 만족하며 사용 중.
바이칸 욕실 청소솔 역시 솔의 모가 단단하고 잘 변형되지 않는 장점이 있다.

✓ 3 세척솔

이케아 벨보르다드 식기세척 브러시 2개를 구비해서 하나는 식기세척기
애벌세척용으로, 다른 하나는 청소용으로 사용하고 있다. 손잡이가 스테인리스
소재라서 관리가 편하고, 헤드 부분만 따로 교체할 수 있어서 주기적으로 교체하며
사용한다. 솔이 부드러운 편이라서 가볍게 사용하기에도 좋다.

✓ 4 틈새솔

자주 락앤락용기 전용세척솔 솔이 얇고 긴 형태로 되어 있어 틈새 청소에 편한
도구이다. 솔의 뒷부분은 납작하고 뾰족한 형태로 되어 있는데, 이 부분으로
밀폐용기의 실리콘 링을 빼낸 후 그 틈새를 솔로 청소하면 정말 편리하다.

1

2

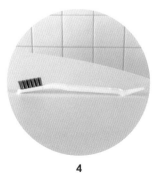

3

4

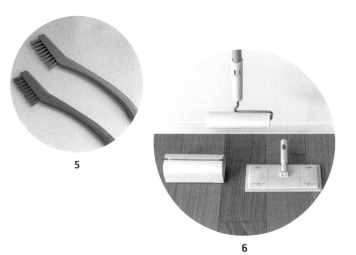

5

6

7

☑ 5 작은솔

바이칸 틈새 브러시 단단한 작은솔로 틈새나 작은 공간의 찌든 때를 청소하기에 용이하다. 욕실의 타일 줄눈 청소, 곰팡이 제거, 좁은 배수구 청소 시 주로 활용한다. 그립감이 좋은 편이라 크게 힘을 들이지 않고도 깔끔하게 청소할 수 있다.

☑ 6 밀대(긴 것, 걸레 & 돌돌이 & 욕실용 스펀지 사용)

무인양품 밀대 하나의 밀대에 헤드만 바꾸면 걸레, 돌돌이, 욕실용 스펀지로 사용할 수 있는 다용도 제품. 디자인도 깔끔해 청소하는 즐거움도 느낄 수 있다. 걸레를 헤드로 사용 시 정전기 청소포나 물걸레 청소포를 꽂아 바닥의 먼지를 제거하면 되고, 욕실용 스펀지를 헤드로 사용 시에는 밀대의 길이가 길어 깊은 욕조 청소에 편리하다.

8

☑ 7 스퀴지(긴 것)

2단 롱 스퀴지 욕실 청소의 핵심은 물기 제거. 손잡이가 긴 스퀴지를 사용하면 사용이 편리하고, 몇 번 긁기만해도 물기가 제거되는 장점이 있다. 해당 제품은 길이와 각도도 원하는 대로 조절할 수 있다.

☑ 8 빨아 쓰는 행주

따꼬 빨아쓰는 생분해 행주 여러 번 빨아서 재사용이 가능하고 사용 후에는 생분해가 되는 레이온 100% 행주이다. 크기가 크고 도톰하며 사용 후에 먼지가 남지 않아 청소할 때도 잘 활용하고 있다. 건조도 빨라 관리가 편리하다.

☑ 9 제로 스크래치 수세미

3M 스카치 브라이트 제로 스크래치 도트 수세미 제품이나 가구의 표면 얼룩을 손상 없이 지울 수 있는 수세미이다. 물기를 꼭 짜낸 수세미에 주방세제를 살짝 묻혀 닦고 마른행주로 한 번 더 닦아 마무리하면 된다.

9

필수템 꼭 갖춰야할 도구　　 옵션템 있으면 청소가 더 쉬워지는 도구

10

10 극세사 행주

프로그 레인보우 극세사 행주 매우 가는 섬유로 만들어진 초극세사 행주는 흡수성과 세정력이 뛰어나 청소할 때 걸레 대신 사용하기 좋다. 또한 제품의 표면에 상처를 주지 않아 TV 액정 등 주의를 기울여야 하는 청소 구역을 닦을 때 특히 추천한다.

11 먼지떨이

스위퍼 더스터 먼지떨이(180, 360 2가지) 정말 간편하고 효과적으로 먼지를 제거할 수 있는 제품. 먼지를 털면 흡착, 딱 달라붙어 먼지가 사방팔방 날리지 않는다.

11

12 청소기

무선청소기 - 샤크 에보 파워 시스템 NEO+ 오염이 생겼을 때 바로바로 제거하기에는 무선청소기만 한 것이 없다. 강력한 흡입력과 다양한 키트로 활용도가 높은 것이 장점인 제품. 바닥청소 외에 소파 및 매트리스 청소에도 사용한다. 책에서 '핸디청소기'라고 표현한 것 역시 무선청소기로, 무선청소기에 먼지제거툴 또는 카펫청소용툴을 장착하면 된다. 즉, 무선청소기의 툴을 변경하면 다양하게 활용 가능! 책에서는 다이슨 무선청소기도 함께 사용했다.

로봇청소기 - 로보락 S8 MaxV Ultra 집 전체의 먼지 제거뿐 아니라 침대와 소파 아래 등 무선청소기로 청소하기 어려운 곳에 정말 잘 활용하고 있다. 책에서는 샤오미 로봇청소기도 함께 사용했다.

13 세제가 함유된 수세미

3M 스카치 브라이트 슬림 베이킹소다 크린스틱 시트 타입 베이킹소다 성분의 세제가 들어 있는 욕실 청소용 수세미. 별도의 세제가 필요 없고 물만 닿으면 거품이 풍성하게 만들어진다. 한 장으로 욕실 전체를 청소할 수 있을 정도의 큰 크기라서 원하는 만큼 잘라도 된다. 바로 물에 적셔 사용해도 되지만 물에 수세미를 담가 세제물을 만들어 사용하면 청소 효과를 더 오래 누릴 수 있다. 욕실을 빠르게 청소하고 싶을 때 가장 먼저 손이 가는 도구.

12

13

12

14

15

16

17

14 빗자루 & 쓰레받기

이케아 페프리그 쓰레받기 빗자루 세트 빗자루와 쓰레받기가 세트로 된 제품으로
솔이 단단해 먼지가 잘 제거되고, 제품끼리 포개져 보관 역시 용이하다. 특히
쓰레받기는 빗자루에 붙은 이물질을 한 번 쓸어낼 수 있도록 되어 있어 편리하다.

15 물걸레 로봇청소기

에브리봇 쓰리스핀 EVO 바닥을 강한 압력으로 눌러서 닦아주는 느낌이 있는
제품이라 벌써 두 번째 구입해서 사용 중인 청소기. 돌리기 전 걸레에 코알라에코
플로어 클리너(16쪽)를 짜서 함께 사용하면 효과를 더 볼 수 있다.

16 세정 티슈

프레이포잇 멀티클리너 티슈 세제와 청소 도구를 찾을 필요 없이 빠르고 효과적으로
청소하고 싶을 때 손이 가는 세정 티슈이다. 물티슈와는 비교되지 않는 탄탄한 원단과
만족스러운 세정력, 살균 효과까지 있다.

18

17 손잡이와 뚜껑이 있는 양동이

무인양품 뚜껑식 양동이 청소를 하다 보면 물을 받아서 사용해야 하거나
여러 가지 청소 도구를 담아두어야 하는 일이 생기는데, 이때 요긴한 넉넉한 크기의
양동이. 손잡이가 달려있어 이동이 편리하고 뚜껑이 있어 닫아두면 깔끔하다.

18 물걸레 청소포 & 정전기 청소포

노브랜드 물걸레 청소포 & 정전기 청소포 일회용품의 사용을 가능한 줄이고 있지만
이른 시간 또는 밤늦은 때와 같이 청소기 사용이 어려운 상황에선 청소포를 쓰게
된다. 먼지 날림 없이 간단하게 청소할 수 있어 편리하다.

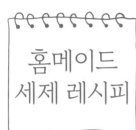

홈메이드
세제 레시피

☑ **청소와 살균, 소독, 탈취에 좋은 구연산수**

온수(85℃ 정도) 2와 1/2컵(500㎖)	+	구연산 10g

- 화장실 바닥, 변기, 하수구 등에 뿌리면 탈취 효과가 있다.
- 구연산수를 섬유유연제처럼 활용하면 세탁물이 뻣뻣해지는 것을 막을 수 있다.
- 2주~1개월 보관 가능(기간 내 변색이나 침전물이 보이면 폐기)

tip
1 물때가 심한 곳에 사용할 경우에는 구연산의 양을 25g으로 늘린다.
2 온수로 만든 구연산수는 식힌 후 분무기에 담아서 사용한다.

☑ **기름때 잡는 세스퀴소다수**

물 2와 1/2컵 (500㎖)	+	세스퀴소다 1작은술

- 후드 주변과 인덕션, 가스레인지를 닦을 때 사용하면 기름기를 효과적으로 제거할 수 있다.
- 세탁 전 찌든 때가 있는 부분에 세스퀴소다수를 뿌린 후 세탁하면 쉽게 지울 수 있다.

tip 세스퀴소다(17쪽)는 찬물에도 잘 녹는다.

☑ **냉장고 청소에 좋은 식초물**

물 : 화이트식초	=	1 : 1

- 냉장고에 뿌려가며 닦으면 탈취, 세정 효과가 있다.
- 많은 양의 식초물을 청소에 활용할 때는 물과 화이트식초를 1:1로 섞으면 냄새가 독할 수 있으므로 물을 더 더해서 사용해도 좋다.

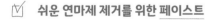

☑ **쉬운 연마제 제거를 위한 페이스트**

식용유 : 베이킹소다	=	1 : 1

- 수세미나 키친타월에 페이스트를 묻혀 스테인리스 제품 (냄비, 숟가락 등)을 닦으면 연마제를 없앨 수 있다. 이때, 주방세제로 한 번 더 닦으면 훨씬 깨끗하게 제거할 수 있다.
- 굴곡진 부분이나 틈새에 연마제가 많으니 그 부분을 특히 더 신경 써서 닦는다.

tip 약간의 물을 더해도 좋다.

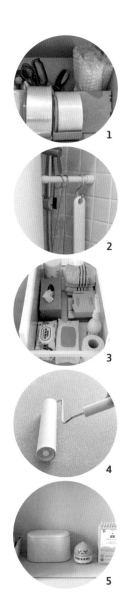

청소 도구 세팅하기

청소가 즐겁기 위해서는 언제든 쉽게 청소할 수 있는 환경을 만드는 것이 중요하다.
핵심은 청소 도구를 잘 세팅하는 것! 청소 도구 세팅 방법을 소개한다.

☑ 청소 도구를 한 곳에 모아두지 않기

부피가 크거나 사용빈도가 낮은 청소 도구는 한 공간에 모아둬야 깔끔하다.
그렇지만 모두 한 곳에 두면 청소할 때마다 가지러 왔다갔다 해야 하는
번거로움 때문에 청소 욕구가 확 줄어들 수 있다.

☑ 청소 도구는 청소가 필요한 곳 가까이에 두기

1 현관 빗자루와 쓰레받기를 현관에 두고 오가며 잠깐만 쓸어줘도 깨끗한 현관을
유지할 수 있다. 또한 외부에서 들어오는 택배 박스는 오염이 심각하기 때문에
현관에서 뜯는 게 좋으므로 택배를 뜯거나 보낼 때 필요한 도구(칼, 가위,
박스테이프, 펜 등)를 하나로 모아 담아두는 것을 추천한다.

2 화장실 화장실이 2개 이상이라면 각각 청소 도구를 구비해두자.
필요할 때 바로 시작할 수 있고, 더러운 곳이 있다면 그때그때 청소할 수 있기 때문.
이때, 청소 도구는 압축봉을 이용해 걸어서 '공중부양'으로 두면
물때나 곰팡이가 생기는 것을 막을 수 있다.

3 다이닝 아이들이 음식을 흘리거나 물을 쏟았을 때 바로 사용할 수 있도록
식탁 가장 가까운 서랍에 물티슈나 걸레, 바이오크린콜을 준비해둔다.

4 거실 & 침실 거실 소파나 침대 등 머리카락이 많이 떨어지는 곳에
돌돌이를 두면 바로 제거할 수 있어 편리하다.
먼지떨이도 함께 둬 눈에 보이는 먼지를 바로 없애자.

5 아이방 아이가 스스로 정리하며 쓰레기를 버릴 수 있도록 작은 쓰레기통을 두자.
지우개 사용 후에 바로 청소하도록 작은 핸디청소기를 함께 두는 것도 추천한다.

✧✧ 두름's tip

물티슈, 청소포, 일회용 수세미 등 사용 방법이 간단한 청소 도구를 갖춰두어야
내가 아닌 가족 중 누구라도 언제 어디서나 쉽게 청소를 시작할 수 있다.

CHAPTER

1

청소가 쉬워지는
청소 루틴

루틴의 힘은 대단합니다. 몇 번만 꾸준히 실천하면

내 몸이 알아서 움직이기 때문이지요.

물론 꾸준히 실천하기 위한 과정에서 힘든 고비도 있어요.

쉽게 느슨해지기도 하고, 시간이 오래 걸리기도 하거든요.

하지만, 일단 몇 번의 시행착오를 겪고 나면

루틴이 자리를 잡는 순간이 분명히 옵니다.

청소 역시 마찬가지예요. 익숙하게 루틴이 잡히면

시간이 짧아지고 효율이 올라가며 청소가 쉬워질 거예요.

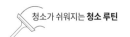

매월
1일
청소

매월 1일에 해두면 한 달이 편해지는 다섯 가지 관리

❝ 새로운 달이 시작하는 매월 1일, 깜박하고 놓치기 쉬운
다섯 가지 청소 관리를 챙겨보자. 교체 시기나 청소 주기가 애매한 것들
위주로 하면 좋다. 새로운 한 달이 시작되는 설렘도 느낄 수 있으니
일석이조. 1일에 실천할 다섯 가지는 각자의 상황에 맞춰 정하되,
30분 이내로 끝낼 수 있는 것들을 추천한다.

check-list

☑ **칫솔 교체**

☑ **수세미 교체**

☑ **세탁기 청소**

☑ **건조기 콘덴서 청소 & 통살균**

☑ **식기세척기 청소**

🗌 칫솔 교체

칫솔은 1~3개월마다 교체하는 것이 위생적으로도, 치아 건강에도 좋다.
칫솔모가 벌어진 상태로 사용하면 세정력이 떨어지고 세균 번식의 우려가
있기 때문이다. 적정 교체 주기는 개인에 따라 차이가 있을 수 있지만
매월 1일로 체크해두면 기억하기 쉽다. 교체한 칫솔은 버리지 말고 모아두었다가
틈새 청소용으로 활용한다.

🗌 수세미 교체

수세미 역시 주기적으로 교체해야 하는 청소 도구 중 하나.
사용 후 바짝 말려 살균 소독에 신경 쓰되, 사용 중 냄새가 난다면
세균이 번식하고 있다라는 신호이므로 바로 바꾸자.

수세미는 바닥에 닿는 면이 적도록 보관하는 것이 위생상 좋아요.

🗌 세탁기 청소

세탁조 외에도 세제통, 배수필터, 고무패킹까지 모두 최소 한 달에 한 번
꼼꼼하게 청소해야 한다. 만약 세탁기 내부나 빨래한 옷에서 쿰쿰한 냄새가
난다면 이미 내부에 곰팡이나 세제 찌꺼기가 쌓였을 가능성이 크기 때문에
세탁기 상태 점검이 꼭 필요하다. ★ 세탁기 청소 204쪽

🗌 건조기 콘덴서 청소 & 통살균

세탁기뿐만 아니라 건조기도 한 달에 한 번 주기적인 관리가 필요하다.
콘덴서 케어와 통살균을 진행하면 콘덴서 내부의 먼지를 제거할 수 있고,
더불어 건조기 효율도 높일 수 있다. 또한 통살균으로 건조기 내부에
냄새가 나는 것도 방지할 수 있다. ★ 건조기 콘텐서 청소 210쪽.
건조기 관리 방법은 제품에 따라 차이가 있으므로 미리 알아두면 편리하다.

🗌 식기세척기 청소

필터를 분리하여 솔로 세척한 다음 물로 헹구고, 식기세척기 클리너, 구연산,
화이트식초 중 하나를 이용해 통세척 모드로 돌려주면 끝! 매일 고온으로
세척하는데 굳이 청소가 필요할까 싶지만, 별도의 청소를 진행하지 않는다면
식기세척기 내부는 음식물 찌꺼기와 세균으로 가득 차 비위생적인 환경이 될 수 있다.
★ 식기세척기 청소 88쪽

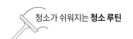
매주
요일
청소

요일별 한 곳 집중 관리로 주 1회 청소하기

❝ 월요일부터 금요일까지 청소 스케줄을 미리 정해두면 마음의
부담을 줄일 수 있다. '요일 청소'의 포인트는 긴 시간을 할애하지 않고
30분 내에서 가능한 청소 스케줄을 짜는 것. 화요일에는 불(火)을
쓰는 주방, 수요일에는 물(水)을 많이 쓰는 욕실, 이런 식으로 기억하기
편하게 나만의 루틴을 정해두면 별다른 고민 없이 바로 청소에 돌입할
수 있다. 30분이 길다면 15분 정도로 청소 시간을 줄여서 시작해 보자.

check-list

☑ **월요일은 리셋 데이**

☑ **화요일은 주방 청소**

☑ **수요일은 욕실 청소**

☑ **목요일은 현관, 베란다 & 세탁실 청소**

☑ **금요일은 냉장고 청소**

주말 동안 엉망이 된
침대부터 이불까지 모두 정리 시작!

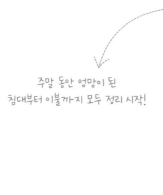

Mon

☐ **월요일은 리셋 데이**

월요일은 주말 동안 가족들이 뒹굴뒹굴하며
흐트러트린 집을 정리하고 청소하는 리셋 데이이다.
침구 교체나 세탁을 하고, 집안 곳곳의 먼지를
꼼꼼히 제거하면서 전체적으로 30분 정도 청소한다.
평일이 더 바쁜 워킹맘이라면 주말 중 하루를 리셋
데이로 정해도 된다.

Tue

☐ **화요일은 주방 청소**

주방 청소를 하루에 다 몰아서 하려고 하면 막막하다.
청소가 편리한 동선을 계획, 주방을 4~5개 구역으로 나눠
매주 화요일마다 그곳만 집중해서 정리하는 시간을
가지면 집중력이 높아지고 청소가 훨씬 수월해진다.

- **첫째 주 화요일** 인덕션 & 가스레인지 & 후드(56~61쪽)
- **둘째 주 화요일** 싱크볼 & 싱크대(96~101쪽)
- **셋째 주 화요일** 펜트리
- **넷째 주 화요일** 싱크대 내, 외부(92~95쪽)
- **다섯째 주 화요일** 주방 가전(62~77쪽)

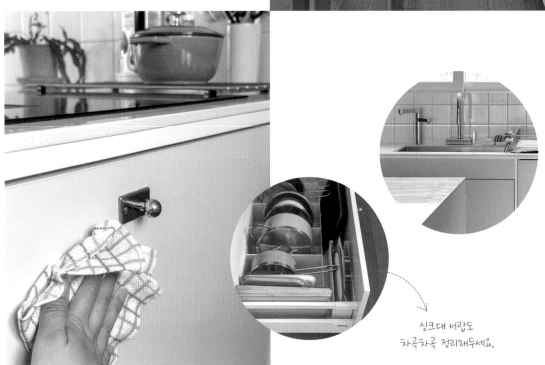

싱크대 서랍도
차곡차곡 정리해두세요.

조금만 방심하면
물때와 곰팡이가 생기는 목욕용품도
관리가 필요해요.

☐ 수요일은 욕실 청소

매일매일 간단히 청소를 한다 해도
반드시 집중 청소가 필요한 공간이 바로 욕실.
청소를 소홀히 하면 금방 물때와 곰팡이가
생기게 된다. 매주 해야하는 청소는 꼭 하되,
권장 주기에 따른 청소도 함께 실시하자.

매주 청소를 해야하는 곳
- 목욕용품(대야, 목욕의자 등의 물때 관리, 132쪽)
- 배수구(138쪽)
- 샤워부스(142쪽)

권장 주기에 따라 선택할 곳
- 매월 1회 : 욕실 벽과 천장, 환풍기(134쪽, 140쪽)
- 2개월에 1회 : 욕실화(130쪽)
- 분기별로 1회 : 샤워기(118쪽)

Thu

☐ **현관, 베란다 & 세탁실 청소**

- **현관**(166~169쪽)
  빗자루로 먼지를 쓰는 정도의 가벼운 청소는
  자주 하되, 일주일에 한 번 정도는
  베이킹소다를 고루 뿌려서 꼼꼼하게 먼지를
  제거하는 것이 좋다. 물걸레 청소포로 얼룩도
  닦도록 하자. 얼룩이 심할 때는 다목적 클리너
  또는 플로어 클리너 같은 세제를 소량 뿌리면 된다.
  신발장이나 현관문, 중문의 얼룩도 닦자.

- **베란다 & 세탁실**(200쪽)
  베란다와 세탁실에는 수납하는 물건이
  많기 때문에 물건을 제자리에 정리하거나,
  먼지를 제거하는 청소를 매주 목요일에
  진행하자. 세탁실은 세제가 흘러내려
  끈적한 곳이 있을 수 있으므로 물걸레질도
  필요하다. 가볍게 청소기로 밀어준 후
  물걸레 청소포로 닦는다.

물걸레 청소포로 자주 닦아야
바닥이 찐득해지지 않아요.

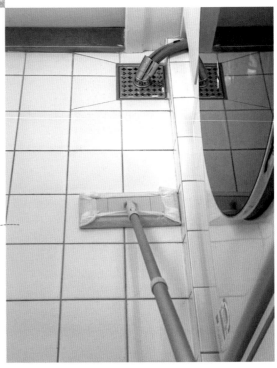

Fri

☐ **금요일은 냉장고 청소**

냉장고는 한 번 손 놓기 시작하면 금세
냉'창고'로 변해버리기 때문에 요일 청소에
꼭 넣어야 하는 공간 중 하나. 유통기한이 지났거나
먹지 않고 자리만 차지하는 음식들을 모두 비우고
바이오크린콜 뿌려 내부, 외부 구석구석을
닦아주면 끝! 청소가 끝난 후에 주말 동안 먹을
식재료를 채워 두면 든든하다. 이때, 구입한
식재료의 겉포장을 바이오크린콜로 한 번 닦아
보관하면 외부에서 묻어온 오염을 제거할 수
있을 뿐 아니라 냉장고 내부 오염도 방지할 수 있다.
★ 냉장고 청소 52쪽

바이오크린콜을 뿌려가며
깨끗하게 닦아주세요.

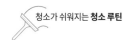

매일
아침
개시

하루가 여유로워지는 아침 청소 스케줄

❝ 아침 시간에 기본적인 살림을 끝내면 하루 종일 집안일을
하지 않아도 되고, 나를 위한 시간을 더 여유롭게 쓸 수 있어
행복 지수도 올라간다. 하루를 여유롭게 만들어 줄,
아침 살림을 개시해 보자.

check-list

☑ **창문 열어 환기시키기**

☑ **바닥 먼지 제거**

☑ **침구 정리**

☑ **씻어둔 그릇 정리**

☑ **음식물 처리기 비우기**

☑ **세탁물 정리**

☑ **아침에 사용한 그릇 정리**

☑ **로봇청소기 작동**

아침의 시작은 환기부터!
미세먼지가 심한 날이라도
잠깐의 환기는 필수예요.

밤새 바닥에 가라앉은 먼지는
아침에 닦아주세요.

☐ 창문을 열어 밤사이 묵은 공기를
순환시킨다. 집안 공기는 물론,
하루를 시작하는 나의 기분도 상쾌하게
해줄 것이다.

☐ 바닥에 가라앉은 먼지를 물걸레 청소포로
닦는다. 꼼꼼하게 닦기보다는 가볍게 먼지를
걷어낸다는 느낌이면 된다.

☐ 침구는 자고 일어나서 바로 정리하지 않고
밤사이에 흘린 땀과 노폐물이 마르도록
어느 정도 둔 다음 시작하는 것이 좋다.

☐ 식기건조대와 식기세척기에 있는
식기를 정리한다.

☐ 밤새 돌린 음식물 처리기 내부를 비운다.

☐ 건조기 속의 세탁물을 꺼내 갠다.

☐ 아침식사에 사용한 식기를 설거지하거나,
물에 담가둔다.

☐ 평소에는 청소기로 바닥의 먼지를 제거하고,
이틀에 한 번은 로봇청소기나 물걸레 로봇청소기를
작동시켜두고 아이 등원에 나선다.

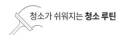

거실, 주방, 욕실 리셋으로 깔끔해지는 우리 집

❝ 아침에 일어나 깨끗하게 정리된 집을 마주했을 때의 행복은
생각보다 크게 다가온다. 단정한 거실, 말끔한 주방, 뽀송한 욕실까지.
전날 잘 마무리한 나를 마구 칭찬해 주고 싶을 정도. 매일 저녁에 하는
마감 방법을 소개한다. 본인이 지속할 수 있을 만큼만 정해서
꾸준히 시도해 보자.

check-list

☑ **거실**

☑ **주방**

☑ **욕실**

만능 청소 세제,
바이오크린콜을 추천해요.

☐ **거실**

아이들이 가지고 논 장난감이나 책을 스스로 정리할 수
있도록 시간을 가져보자. 이때, 바구니를 준비해
한 번에 담아 정리하면 더 빠르게 끝낼 수 있다.
먼지 제거가 필요하다면 늦은 시간 소음을 유발하는
청소기보다는 청소포를 사용한다.

☐ **주방**

저녁식사를 마쳤다면 물에 식기를 담가 애벌세척을 한 후
식기세척기에 넣는다. 식기세척기 사용이 안 되는 것들은
직접 설거지를 하고, 주방세제를 묻힌 솔로 싱크대와
배수구를 닦는다. 오염이 심하다면 세제에 베이킹소다를
추가해 보자. 청소가 훨씬 쉬워진다. 바이오크린콜을
싱크대 상판과 수전, 정수기, 인덕션과 그 주변에 뿌려
깨끗하게 닦는다. 식탁 역시 바이오크린콜과 행주로 닦는다.

☐ 욕실

온 가족의 샤워가 끝났다면 대충 한 번 정리하고
잔다는 느낌으로 욕실 마감을 시작한다.
먼저 변기 내부에 욕실 청소용 락스 세정제(16쪽)를
뿌려 뚜껑을 덮어둔다. 어질러진 물건들을 제자리에
정리하고, 물을 가장 뜨겁게 조절한 후 욕실 전체를
한 번 헹군 다음 사용한 수건으로 물기를 없앤다.
여유가 된다면 세면대도 간단히 청소한 후 바닥의
물기를 스퀴지로 제거한다. 대야나 목욕의자도
가능하면 바닥 면에서 띄워 잘 말린다.
마지막으로 변기 물을 내리고 변좌에
바이오크린콜을 뿌린 후 휴지로 닦는다.
욕실화까지 잘 건조되도록 세워두면 진짜 끝.

길이가 긴 스퀴지를 사용해
바닥의 물기를 닦으면 훨씬 더 편리해요.

주말을 활용한 효율적인 청소 루틴

평일에 못한 청소를 주말에 몰아서 해야 한다고 생각하면 압박감이 더해져 청소에 대한
부담감이 심해지게 된다. 그렇기 때문에 아무리 바빠도 매일, 또는 아침에 잠깐,
혹은 잠자기 전에 가볍게라도 청소를 하자는 것이다. 주말 동안은 못 본 척 미뤄뒀던
살림을 여유 있게 정리하거나, 온 가족이 함께 가벼운 마음으로 청소하는 것이 좋다.
주말을 활용해 할 수 있는 효율적인 청소 루틴을 소개한다.

- **온 가족이 함께 구역을 정해 리셋 타임 가지기**
  부부끼리, 또는 아이와 함께 각자의 구역을 정해 15~30분 정도 리셋 타임을 가지고
  청소하자. 평일에 하지 못한 '요일 청소'를 주말에 적용해 보는 것.
  한 번에 모든 곳을 혼자 다 하겠다는 생각 말고 가족들과 적절히 구역을 분배하고,
  타이머를 맞춰 두고 실행해 보는 방법을 추천한다.

- **외출 전 리셋 타임**
  외출 전 딱 15분의 리셋 타임을 강력 추천한다. 외출 후 온전한 휴식을 취하기 위해
  나가기 15분 전에 주방, 거실 같은 공용 공간을 한 번 리셋하는 것이다.
  15분만 투자하면 집에 돌아왔을 때 느끼는 쾌적함이 완전 다를 것이다.

- **미뤄두었던 묵은 때 청소 클리어**
  묵은 때가 생겨 가벼운 청소로는 끝나기 어려웠던 곳이 있다면 주말에 시간을 할애해
  여유롭게, 꼼꼼하게 청소하자. 매월 1일 청소를 매월 첫 주 주말에 하는 것도 추천.

- **매월 마지막 주말은 비움 데이**
  매월 마지막 주말은 가족이 함께 더 이상 필요 없는 물건들을 비워내는 날로 정해보자.
  아이들 물건은 스스로 비울 수 있도록 결정권을 주곤 하는데, 이렇게 하면 자기 방에
  어떤 물건이 있고 없는지를 인식, 관리를 잘하게 되는 장점이 있어서 특히 추천한다.
  처음에는 어려워할지 몰라도 몇 번 반복하면 가족 모두 적응해서 비움 데이에
  잘 동참하게 되니 인내심을 가지고 함께 하길 권한다.

- **덩치 큰 가구는 앱 서비스 '빼기'로 정리하기**
  가구와 같이 덩치가 큰 살림을 비울 때는 '빼기' 앱을 사용한다. 방문하여 물건을 내려주는
  서비스가 있어 편리하고, 그 외 살림은 앱에 등록, 결제한 후 지정된 장소에 배출하면
  수거해 가기 때문에 폐기물 스티커를 따로 구입하여 붙이지 않아도 된다.

- **다 읽은 책은 온라인 중고서점에 판매하기**
  주로 예스24나 알라딘을 이용하는데, 책의 바코드를 스캔 후 매입이 가능한 책들은
  포장해서 두면 택배사에서 수거해 간다. 매입이 확정된 책은 포인트로 받거나 현금으로
  입금되기도 한다. 서점마다 매입 가능한 책과 가격에 차이가 있으니 여유가 된다면
  두 군데 정도 비교한 뒤 판매할 것을 추천한다.

✧◇✧ 두룸's tip

더 이상 사용하지 않지만, 아직
쓸모가 있는 물건들은 기부한다.
장애인의 자립을 지원할 수 있는
'굿윌스토어'를 이용하고 있는데,
일정 수량 이상이 모였을 때 신청을
하면 직접 방문, 수거해가고 기부 후
기부영수증도 발급 가능하다.

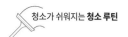

매일
그때그때
관리

바로 관리하면 청소가 편해지는 것들

❝ 어떤 곳이든, 어떤 것이든 매일 관리만 잘해줘도
주기적으로 해야 하는 청소가 훨씬 쉬워진다. 찌든 때나 냄새, 얼룩이
생길 새도 없는, 그때그때 하면 좋은 매일 관리를 소개한다.

check-list

☑ **전자레인지 & 토스트기**

☑ **세탁기**

☑ **인덕션**

☑ **식기세척기**

☑ **세면대**

☑ **변기**

☑ **욕조**

소형가전은
사용 후에는
문을 열어두는 것이 좋아요.

□ **전자레인지 & 토스트기**

사용 후 내부의 습기가 마르고 냄새가 빠져나갈 수
있도록 잠깐이라도 문을 열어둔다.

□ **세탁기**

사용 직후에 세제통을 분리해서 헹군 다음 건조하자.
세탁기의 문도 사용할 때를 제외하고는 열어 두고,
소형 서큘레이터로 내부를 건조하면 곰팡이나
물때 방지에 도움이 된다. 세제는 많이 쓴다고 세탁이
더 깨끗하게 되는 것이 아니므로 정량만 사용한다.
과하게 넣은 세제 찌꺼기가 내부에 남았을 경우
세탁물에서 퀴퀴한 냄새가 나는 원인이 될 수 있으므로
주의하자.

씻은 세제통은
물기를 없앤 후 조립해요.

인덕션은 사용 직후
바로 닦아야 쉽고, 깨끗하게
관리할 수 있어요.

☐ **인덕션**

사용 후 주변에 튄 음식물이나 기름, 양념은
키친타월이나 행주로 가능한 바로 닦는다.
찌든 때가 생기지 않도록만 해도 청소가 수월해지고
깔끔하게 유지할 수 있다.

☐ **식기세척기**

사용할 때를 제외하고는 항상 문을 열어두자. 또한
식기의 애벌세척을 꼼꼼히 하면 식기세척기 필터 및
내부 청소를 자주 하지 않아도 되어 관리가 편리하다.
세제는 세척할 식기양과 코스에 맞춰 정량 사용한다.

☐ **세면대**

가능하면 세면대 사용 직후 주변에 튄 물기를 닦는다.
물기 제거만 잘해도 세면대를 보다 오래 청결하게
사용할 수 있다. 이때, 사용한 수건을 활용해서
닦으면 수월하다.

변기

변기는 사용 후 꼭 뚜껑을 덮고 물을 내린다. 한 연구결과에 따르면 물을 내릴 때 튀는 변기물의 양이 상상 이상이라고. 또한 변좌에 바이오크린콜을 자주 뿌려 닦아주되, 어린아이들이 있는 경우 실수를 하기 쉬우니 더 자주 청소하고 닦는 것이 위생상 좋다.

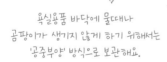

욕실용품 바닥에 물때나 곰팡이가 생기지 않게 하기 위해서는 '공중부양' 방식으로 보관해요.

욕조

물을 가장 뜨겁게 한 후 욕조를 헹군다. 남아 있는 세제도 씻어낼 수 있고, 때가 눌어붙는 것을 방지한다. 욕실용품은 바닥에 닿는 면이 적도록 보관해야 물때나 곰팡이가 덜 생긴다.

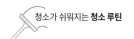

연간 청소 스케줄

시기별, 계절별 청소를 위한 연간 스케줄

❝ '대청소'라는 말을 들으면 누구나 부담을 느낄 수밖에 없다.
시기별, 계절별로 하기 좋은 연간 청소 스케줄은 대청소의 부담은
줄이고 '이 시기에 여기를 조금 더 신경 써서 청소하면 되는구나'하는
가벼운 마음을 심어주기 때문에 꼭 추천하는 청소법이다.

01 January

새해맞이 청소

☐ 집안 곳곳!
　 천장과 벽 먼지까지 제거하기

02 February

신학기맞이 아이방 리셋

☐ 책장의 책까지 모두 비워 내기
☐ 책장 먼지 닦기

03 March

봄맞이 청소

☐ 냉장고 청소
☐ 옷장 정리(봄옷 꺼내기)
☐ 침구 교체 & 이불장 청소
☐ 신발장 청소
☐ 커튼 세탁
☐ 창문 꼼꼼하게 닦기

04 April

미세먼지 집중 청소

☐ 창틀, 방충망, 베란다, 현관 등
　 실내 미세먼지 꼼꼼 청소

05 May

여름 준비

☐ 옷장 정리(여름옷 꺼내기)
☐ 침구 교체 & 이불장 청소
☐ 에어컨 가동 준비

06 June

장마 대비

☐ 냉장고 청소
☐ 제습제 비치
☐ 제습기 가동 준비
☐ 커튼 세탁
☐ 창문 꼼꼼하게 닦기

07 *July*

곰팡이 아웃

- ☐ 곰팡이 체크
- ☐ 곰팡이 방지 청소

08 *August*

침구 습기 집중 관리

- ☐ 이불 베개 햇빛 소독
- ☐ 청소 가전 꼼꼼 청소 후 건조

09 *September*

굿바이 여름가전 & 가을 준비

- ☐ 냉장고 청소
- ☐ 옷장 정리(가을옷 꺼내기)
- ☐ 여름가전 청소(선풍기, 에어컨 등)
- ☐ 욕실 청소(곰팡이 제거)
- ☐ 커튼 세탁
- ☐ 창문 꼼꼼하게 닦기

10 *October*

가습을 위한 준비

- ☐ 신발 정리 & 신발장 청소
- ☐ 가습기 가동 준비
- ☐ 방충망, 창틀, 베란다, 현관 등
  실내먼지 꼼꼼 청소

11 *November*

난방 살림 총출동

- ☐ 옷장 정리(겨울옷 꺼내기)
- ☐ 침구 교체 & 이불장 청소
- ☐ 냉난방 기구 점검
- ☐ 결로 대비

12 *December*

비움의 달

- ☐ 냉장고 청소
- ☐ 집안에서 비울 물건들을 최대한
  비워내고 빈 공간 청소하기
- ☐ 커튼 세탁
- ☐ 창문 꼼꼼하게 닦기

 CHAPTER

그대로 따라 하면
금방 끝나는 청소 레시피

첫 번째 챕터에서 소개한 청소 루틴을 통해

대략의 청소 맵을 그렸나요?

두 번째 챕터에서는 효과는 뛰어나면서 방법은 쉬운,

많은 경험을 통해 터득한 저만의 효율적인 청소법을

구역별로 나눠 상세히 소개합니다.

자, 이제 청소를 시작해 볼까요?

워밍업! 30초 투자 간단 청소

본격적인 청소에 앞서 워밍업을 해보자. 하루 30초 투자로 끝나는 간단 청소법이다.
30초만으로도 집안의 변화가 눈에 보이기 시작하고, 깨끗해진 집에 애정이 생기면서
제대로된 청소를 해보고 싶은 의지가 팍팍 생길 것이다.

- ☐ 아이 등원 후 들어오는 길에 신발정리 후 현관 간단히 쓸기
- ☐ TV 보면서 간단하게 거실 정리하기
- ☐ 세탁에 사용한 이염방지시트(또는 건조기시트)로 건조기와 먼지필터의 먼지 제거하기
- ☐ 물을 끓이거나 커피 내리는 동안 주방 상판을 닦거나 식기 정리하기
- ☐ 변기 사용 후 바이오크린콜을 뿌려 휴지로 한 번 닦고 물 내리기
- ☐ 수건 교체 전 사용한 수건으로 욕실 물기 닦기
- ☐ 손을 씻거나, 양치질을 한 후에 세면대 간단 청소하기
  (수세미에 손세정제를 묻혀 닦고, 사용한 수건으로 물기 닦기)

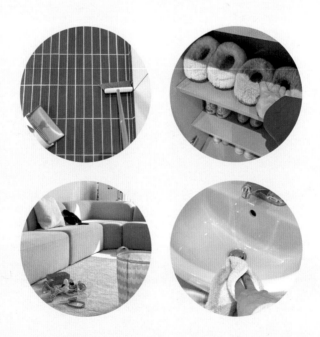

음식을 만들기에 더 신경 써야 하는 곳

❝ 가족의 식사를 책임지는 공간, 바로 주방이다.
음식을 만드는 곳이기 때문에 그 어떤 곳보다도
청결에 신경 써야 한다. 주방은 범위가 넓어 섹션을 나눠
청소하면 놓치는 곳 없이 깨끗하게 관리할 수 있다.

check-list

☑ **냉장고**
- 냉장고
- 냉장고 문 얼룩

☑ **불 사용 공간**
- 인덕션
- 가스레인지
- 후드

☑ **주방 가전**
- 정수기
- 전기밥솥
- 오븐 & 전자레인지
- 에어프라이어
- 커피머신
- 전기주전자
- 토스트기
- 블렌더

☑ **도구**
- 냄비뚜껑(유리)
- 수세미
- 칼 & 나무도마
- 고무장갑
- 행주

☑ **설거지 공간**
- 식기세척기
- 식기건조대

☑ **싱크대**
- 싱크대 상판과 벽, 문
- 싱크대 서랍
- 싱크볼
- 싱크대 수전
- 싱크대 배수구

☑ **쓰레기통**
- 쓰레기통
- 음식물 쓰레기통

☑ **그 외**
- 주방 바닥
- 창문(212쪽)
- 창틀(214쪽)
- 방충망(216쪽)
- 멀티탭(186쪽)

냉장고

❝ 매주 금요일이면 간단히 냉장고 정리와 청소를 하고,
주말 동안 가족들이 먹을 식재료를 채워 넣습니다. 깔끔하고
정리된 냉장고에서 꺼낸 식재료로 요리하면 주말이 더
풍성해지는 느낌마저 들더라고요. 분기별로 진행하는 냉장고
청소는 미리 계획한 후 최대한 식재료를 비워내는 냉장고 털이
주간을 가진 다음 시작하면 훨씬 수월하게 진행할 수 있답니다.

도구

욕조　　　　　수세미

마른행주　　　매직블럭

재료

- 베이킹소다
- 주방세제
- 바이오크린콜

◇✧ 두룸's tip

1 냉장고의 상하부 먼지도 먼지털이와
틈새청소 도구를 활용해 청소한다.
틈새청소 도구는 긴 손잡이가 달린
납작한 형태로 청소포를 끼워서
사용하면 된다. 다이소 제품을
사용 중이다.

2 바이오크린콜 대신 화이트식초 원액
또는 물과 화이트식초를 1:1로 섞어
사용해도 좋다.

1

식재료는 모두 아이스가방에
옮겨 담는다.

2

선반, 서랍을 분리한 후 욕조에 담고
베이킹소다를 뿌려 잠시 둔다.

3

수세미와 주방세제로 씻는다.
마른행주로 물기를 닦은 후 건조한다.

4

냉장고 내부는 바이오크린콜을
전체적으로 뿌려가며 마른행주로
닦는다.

5

바이오크린콜로 닦이지 않는 얼룩은
매직블럭에 주방세제를 희석한 물을
적셔 닦고, 바이오크린콜을 뿌려
한 번 더 닦아 마무리한다.

6

건조된 선반과 서랍을 제자리에
조립한 후 식재료를 다시 넣는다.

냉장고 문 얼룩

청소 주기 **수시로** 시간 **5분**

" 온 가족이 수시로 열고 닫는 냉장고. 덕분에 냉장고 문에는 얼룩이 금방금방 생기는데요, 특히 무광 스테인리스 냉장고는 얼룩이 조금만 묻어도 티가 많이 나고 지저분해 보여서 신경이 많이 쓰이더라고요. 린스로 얼룩 해결이 가능하답니다.

도구

마른행주

분무기

재료
- 린스(또는 트리트먼트)
- 온수(40℃ 정도)

1

마른행주에 린스를
조금 짠 후 심한 얼룩을 닦는다.

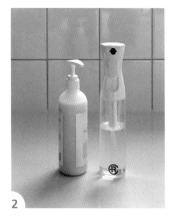

2

분무기에 온수와 린스 1방울을
넣고 섞는다.

3

냉장고 문에 조금씩 뿌린다.

4

마른행주로 닦는다.

인덕션

> 부속품이 많은 가스레인지에 비해 청소가 쉬운 인덕션.
> 주 1회 정도는 얼룩이나 찌든 때 등을 제대로 청소하는 게
> 좋지만, 사용 후 바로 닦아주는 것만으로도 충분히 깨끗하게
> 관리할 수 있어요. 상황에 따른 청소법을 모두 소개합니다.

청소 주기 **주 1회** 시간 **10분**

도구

마른행주 제로 스크래치 수세미

재료

- 바이오크린콜
- 세스퀴소다수(22쪽)
- 주방세제

바이오크린콜을 뿌려요.

1

요리가 끝나면 인덕션 주변 →
인덕션 순으로 바이오크린콜을 뿌린 후
마른행주로 닦는다.
★ 기름이 많이 튀었을 때는
세스퀴소다수로 먼저 닦고,
바이오크린콜로 닦는다.

2

찌든 때 & 얼룩이 있다면
인덕션 상판에 뜨거운 물을 소량
뿌린 후 주방세제를 살짝 짜서
제로 스크래치 수세미로 닦는다.

3

마른행주로 표면에 남아 있는 물기를
닦는다.

◇✧ **두룸's tip**

1 인덕션이나 싱크대 상판처럼 표면이 손상될 수 있는 곳은
  제로 스크래치 수세미(19쪽)를 사용하면 스크래치가 생길 위험을 줄일 수 있다.

2 인덕션의 얼룩과 찌든 때가 잘 안 지워진다면 인덕션 전용 클리너와 스크래퍼를 사용해도 좋다.

가스레인지

청소 주기 **주 1회** 시간 **15분**

가스레인지는 매일 사용하는 만큼 음식물과 기름으로 많이 오염된 상태일 텐데요, 깔끔하게 청소 후 요리하면 더 안전하고 위생적이랍니다. 매일 생기는 가벼운 오염은 바로 제거하고 최소 주 1회 청소하며 관리하면 찌든 때 없이 사용할 수 있어요.

도구

마른행주　　수세미

재료

- 기름때 클리너
- 주방 전용 페이스트 클리너

✧◇ **두룸's tip**

1 사용기간이 오래 되어 오염이 완벽히 제거가 되지 않는 주철 석쇠와 버너 커버, 손잡이 등의 소모품은 교체하도록 하자. ★ 소모품은 각 제조사 사이트에서 개별로 구매 가능하다.

2 기름때 클리너는 가스레인지나 인덕션 같이 기름이 많이 튀는 곳을 닦을 때 주로 사용한다. 주방 전용 페이스트 클리너는 눌어붙은 기름때와 오염 제거에 탁월. 두 가지 모두 아스토니쉬 제품을 사용 중이다.

1 가스 밸브를 잠근 후 주철 석쇠와
버너 커버, 손잡이 등을 분리한다.

2 본체에 기름때 클리너를 뿌려두고
잠시 때를 불린다.

3 버너 점화기 주변, 상판은 행주로
닦는다. ★ 오염 정도에 따라 작은솔로
사이사이 닦아도 좋다.

4 주철 석쇠와 버너 커버에 눌어붙은
오염물이 많다면 수세미에 주방 전용
페이스트 클리너를 발라 닦는다.
★ 오염 정도가 심하지 않다면
주방세제로 닦아도 좋다.

5 요리 시 자주 만지는 손잡이는
마른행주와 기름때 클리너로 닦는다.

6 세척한 부품의 물기를 완전히 없앤 후
다시 조립한다.

후드

> 온갖 기름때와 먼지가 가득 쌓이는 후드. 날을 잡고
> 청소해야 한다고 생각하지만 일주일에 1번만 청소해도
> 눌어붙은 기름때와 먼지를 안 볼 수 있답니다. 자주 닦을수록
> 관리가 수월하고 효율이 올라가 음식 냄새와 열기 흡수가
> 더 잘될 수 있으니 꼭 신경 써서 청소해 주세요.
> 저는 매립식 후드를 사용 중인데요, 다른 종류의 후드 역시
> 다음 방법으로 청소하면 됩니다.

🗓 청소 주기 **주 1회(최소 월 1회)**
🕐 시간 **15분(+ 불리기 30분)**

도구

 분무기   마른행주

 지퍼백
(또는 큰 비닐)   세척솔

재료

- 세스퀴소다수(22쪽)
- 세스퀴소다 1/2컵
- 온수(85℃ 정도)
- 주방세제

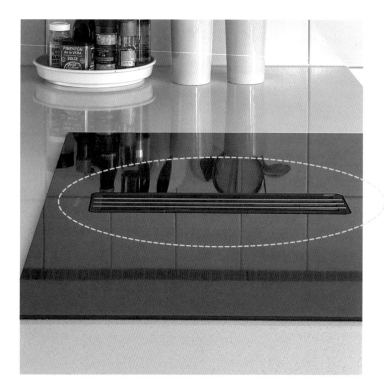

✧✨ **두룸's tip**

1 세스퀴소다 대신 과탄산소다로도
   세척이 가능하나 후드망 소재에 따라
   변색이 생길 수 있으니 주의한다.

2 후드 필터 크기가 크다면 지퍼백 대신
   김장용 비닐에 담아도 좋다.

1

분무기에 세스퀴소다수를 넣은 후
후드 주변에 뿌려가며 마른행주로 닦는다.
★ 사용 후 흰 얼룩이 남으면
바이오크린콜로 한 번 더 닦아 마무리한다.

2

필터를 분리한다.

3

지퍼백(또는 큰 비닐)에 필터,
세스퀴소다 1/2컵, 잠길 만큼의
온수를 넣고 30분간 둔다.

4

필터를 꺼내 주방세제와 세척솔로
씻는다.

5

물기를 털어낸 후 건조한다.

6

필터를 다시 조립한다.

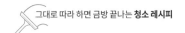

정수기 ---------------------------------- 📅 청소 주기 **주 1회** 🕐 시간 **10분**

> 정수기 내부 청소는 전문 업체에 맡기더라도
> 간단한 청소는 직접 자주 해야 더 깨끗하게
> 사용할 수 있어요. 조리할 때 급히 사용하다 보면
> 생각보다 오염이 많이 되는 곳이거든요.

도구
소형브러시
(정수기 물구멍에   마른행주
들어갈 크기)

수세미

재료

- 바이오크린콜
- 과탄산소다 1스푼
- 주방세제

✧◇ **두룸's tip** ----------------

1 여행과 같은 장기간 외출 후에는
정수기에서 물을 1ℓ 이상 충분히
추출한 후 식수로 사용한다.

2 물구멍 청소용 소형브러시는 정수기
관리를 해주는 업체 매니저를 통해
정수기 전용 브러시를 받을 수 있다.

3 과탄산소다를 사용할 때는 꼭
고무장갑을 착용하고, 환기를 시킨다.

1

물이 나오는 구멍을 소형브러시로
가볍게 청소한다.

2

물을 어느 정도 추출해서
자연스럽게 구멍을 헹군다.

3

정수기 헤드와 본체에
바이오크린콜을 뿌린다.

4

마른행주로 물자국과 각종 얼룩을
닦는다.

5

정수기에 물 받침대가 있다면
분리한 후 과탄산소다 1스푼을 뿌려
물에 담가 둔다.

6

주방세제를 묻힌 수세미로 씻고, 헹군다.
완전히 건조한 후 다시 조립한다.
★ 자주 관리하지 않으면 물때가 생겨
위생상 좋지 않다.

전기밥솥

> 매일 사용하지만 생각보다 관리에 소홀한 것이
전기밥솥 같아요. 내부의 위생도 중요하지만 흘러내린
밥 물이 고여있는 물받이와 외부 부속품을 주기적으로
관리하지 않으면 생각보다 심각하게 오염될 수 있어요.
일주일에 한 번 정도는 내부와 물받이 청소를,
월 1회 정도는 모든 부속품을 꼼꼼하게 청소하세요.

청소 주기
주 1회 내부와 물받이 청소
월 1회 전체 청소
시간 20분(+ 자동 세척 기능 시간)

도구

마른행주

틈새솔

수세미

재료
- 바이오크린콜
- 주방세제

두룸's tip
내부의 위생도 중요하지만 물받이는
꼭 자주 비우고 세척, 관리하도록 하자.
물이 고인 상태로 방치하면 곰팡이가
쉽게 생기기 때문이다.

본체 뒤쪽의 물받이를 챙기세요!

1

내솥과 내부의 커버, 고무패킹,
밥솥 추 부분의 부속품, 물받이 등
분리와 세척이 가능한 것을
모두 분리한다.

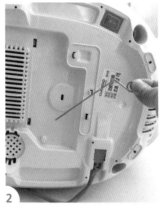

2

본체 바닥에 부착되어 있는
청소용 핀을 빼낸다.

3

청소용 핀으로 증기 배출구를 청소한다.

4

물청소가 되지 않는 곳은
바이오크린콜을 뿌려가며
마른행주로 꼼꼼히 닦는다.

5

틈새솔로 구석구석 닦는다.

6

분리한 부속품은 주방세제, 수세미로
세척해 헹군 후 물기를 없애고 조립한다.
솥의 자동세척 눈금에 맞춰 물을 넣고
자동 세척 기능을 눌러 세척한다.

오븐 & 전자레인지

청소 주기 **주 1회** · 시간 **20분**

오븐과 전자레인지는 사용 후 남아 있는 습기가
마를 수 있도록 문을 열어두는 것이 좋아요. 사용 후 보이는
큰 얼룩은 바로 닦아야 묵은 때가 생기지 않는답니다.
일주일에 한 번은 다음의 방법대로 꼼꼼하게 청소하세요.

도구

내열그릇   물티슈

마른행주

재료

- 물 3컵(600㎖) + 화이트식초 1/2컵(100㎖)
- 온수(85℃ 정도)
- 베이킹소다
- 주방세제

♦✧ **두룸's tip**

화이트식초 대신 레몬이나 귤 껍질을 물에
담아서 돌려도 좋다. 레몬이나 귤 껍질은
먹고 난 후 지퍼백에 담아 냉동해두었다가
청소할 때 사용하면 편리하다.

1

내열그릇에 물 3컵 +
화이트식초 1/2컵을 섞는다.

2

전자레인지에 넣고 8분간 돌린 후
꺼내 한김 식힌다. ★ 광파오븐의 경우
전자레인지 모드로 사용한다.

3

식힌 식초물에 물티슈를 넣고 적신 다음
전자레인지의 내부, 외부에 물을
바른다는 느낌으로 가볍게 닦는다.

4

볼에 온수, 베이킹소다, 주방세제를
소량씩 넣은 후 섞는다.

5

물티슈를 적신 후 내부, 외부를 닦는다.

6

행주를 깨끗한 물에 적신 후 물기를
꼭 짜내고 내부, 외부를 닦는다.

에어프라이어 --------------------------------

66 다양한 요리에 활용하기 좋은 에어프라이어. 요리할 때는
편하지만 사용 후 여기저기 튄 기름과 얼룩 때문에
사용하기 망설여지곤 하지요. 바스켓 틈새와 상단 열선까지
깔끔하게 청소하기가 쉽지는 않지만 매번 조금만 신경 써서
관리한다면 훨씬 더 위생적으로 사용할 수 있어요.

📅 청소 주기 **사용 시마다**
🕐 시간 **15분(+ 불리기 20분)**

도구

키친타월

수세미

분무기

마른행주

재료

• 베이킹소다(또는 말려둔 커피가루)
• 주방세제
• 세스퀴소다수(22쪽)

◇✧ **두룸's tip** --------------

1 에어프라이어 열선과 내부는 매번
사용 후 열기가 살짝 남았을 때
바이오크린콜(또는 소주와 레몬즙을
1:1로 섞은 것)을 뿌려가며 행주로
닦는다. 단, 뜨거우므로 두꺼운 장갑이나
고무장갑을 꼭 착용한다.

2 과정 ①에서 기름이 많다면 따라낸 후
청소하자. 이때, 컵 모양으로 만든
쿠킹호일에 담아 굳혀 뭉치면
일반쓰레기로 처리가 가능해 편리하다.

1
바스켓 속에 떨어진 기름이 있다면
베이킹소다를 뿌린다.

2
키친타월로 기름때를 닦아낸다.

3
주방세제를 뿌려 수세미로
한 번 더 닦고 물로 헹군다.

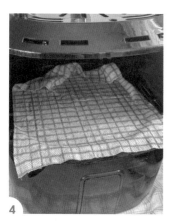

4
에어프라이어 내부 오염이 심할 경우
분무기에 세스퀴소다수를 담아
충분히 뿌린 후 젖은 행주를 덮어
20분간 불린다.

5
덮어둔 젖은 행주로 충분히 닦아낸 후
마른행주로 한 번 더 닦는다.

6
물기를 완전히 제거한 후 다시 조립한다.

커피머신

❝ 커피의 맛은 머신과 원두, 그리고 커피머신의 관리 상태에 따라
결정된다고 할 정도로 커피머신 청소는 중요합니다. 같은 머신,
같은 원두인데도 어느 시점부터 맛이나 향이 변했다는 생각이 들면
커피머신의 관리에 소홀했을 가능성이 크지요. 커피 맛도 유지하고
커피머신도 오래 사용할 수 있도록 꼭 주기적으로 관리해 주세요.

★ 공통적인 청소 방법을 소개합니다.
제품별 자세한 청소법은 구매한 제품 가이드를 참고하세요.

도구

 수세미
 마른행주

재료

• 주방세제
• 바이오크린콜
• 커피머신 전용 세정제

1

물통은 매일 비운다.

2

물 세척이 가능한 부속품은 분리한다.

3

주방세제와 수세미로 세척한다.
완전히 말린 다음 조립해서 사용한다.

[커피를 내린 직후]

항상 물을 한 번 더 내려 헹군다.

[일주일에 2~3회]

커피머신 외부는 바이오크린콜을
뿌린 후 마른행주로 깨끗하게 닦는다.

[분기별 1회]

커피머신 전용 세정제를 사용하여
내부 청소(디스케일링)를 진행한다.
★ 모델별로 디스케일링 방법이 다를 수
있으니 제품 홈페이지를 참고한다.

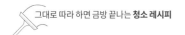

전기주전자 ---------------------------------

❝ 아이가 분유 먹을 때부터 정말 많이 사용한 전기주전자예요.
매번 수돗물이 아닌 정수만 넣어 사용하고 팔팔 끓이는데도
일정 시간이 지나면 금세 바닥에 점처럼 물때가 생기더라고요.
구연산으로 청소하면 물때를 손쉽게 없앨 수 있답니다.

도구

마른행주

재료

• 구연산(또는 화이트식초) 1스푼

◇✧ **두룸's tip** -----------------
호텔이나 숙소의 전기주전자를 사용하기
전에 이 방법으로 먼저 씻어도 좋다.
이때, 가루 형태 대신 발포 구연산을
활용하면 휴대와 사용이 더욱 편리하다.

1

전기주전자에 물을 Max선까지 채운다.

2

구연산 1스푼을 넣고 팔팔 끓인 후
그대로 10분간 둔다.

★ 이 물을 식기건조대(90쪽)나
싱크볼(96쪽) 청소에 활용하면 좋다.

3

끓인 구연산수를 행주에 살짝 묻힌 후
외부를 닦는다.

4

끓인 구연산수를 비우고
다시 깨끗한 물을 Max선까지 채운다.
1~2회 더 끓이고 비우는 과정을
반복한다.

5

끓인 물을 버린다.

6

뚜껑을 열고 내부를 완전히 건조한다.

토스트기

> 빵을 굽거나, 간단한 요리를 만들 때 사용하는 토스트기.
> 자주 사용하다 보면 빵 부스러기, 음식물 등이 떨어지기 쉽지요.
> 상단이 오픈된 형태의 토스트기라면 사용하지 않을 때는
> 먼지가 쌓이지 않도록 천으로 덮어두면 좋아요. 책에서는 가장
> 많이 궁금해하시는 브랜드의 토스트기 청소법을 소개해 드립니다.
> 물론 일반적인 토스트기 청소법도 아래의 두룸 팁에서
> 확인 가능합니다.

도구
마른행주　　세척솔

재료
- 구연산수(22쪽)
- 주방세제

✧✧ **두룸's tip**

일반적인 토스터기 청소법도 소개한다.

1 사용 후 부스러기 트레이를 털어낸다.
2 플러그를 뽑고 식힌 후 토스트기를
　뒤집어 내부 부스러기를 털어낸다.
3 작은솔로 부스러기를 마저 털어낸다.
4 토스터기 외부는 바이오크린콜을
　뿌리고 마른행주로 닦는다.

트레이도 꼭 분리해요.

1
트레이, 받침 등의 부속품을 분리한다.
★ 사용 직후에는 열기가 남아 있어
뜨거우므로 식힌 후 청소를 진행한다.

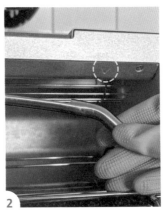

2
상단 부분의 세모 표시 부분에 들어있는
급수 파이프를 당겨 분리한다.

3
내부의 보일러 트레이에 생긴 얼룩은
구연산수와 행주로 닦는다.

4
주방세제를 희석한 물에 행주를 적셔
꼭 짠 후 내부, 외부를 전체적으로
닦는다. 다른 행주를 깨끗한 물에
적신 후 물기를 꼭 짠 다음 내부를
닦는다.

5
분리한 부속품들(트레이, 받침,
급수 파이프 등)은 주방세제를 희석한
물과 세척솔로 씻는다.

6
부속품을 완전히 건조한 후 다시
조립한다.

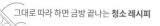

블렌더 --

 청소 주기 **사용 시마다** 시간 **10분**

  요즘은 자동 세척 기능이 있는 블렌더도 있어 물과 세제
한 방울만 넣으면 알아서 휘리릭 청소를 하더라고요.
물론 자동 세척 기능이 없어도 얼마든지 쉽고 깨끗하게 청소할 수
있습니다. 다만 블렌더를 구입할 계획이라면 구조가
너무 복잡해서 내부까지 꼼꼼히 세척이 어려운 제품은 아닌지
확인 후 구매하세요. 그래야 청소가 막막하지 않거든요.

 도구

마른행주

재료

- 주방세제
- 바이오크린콜

✧◇ **두룸's tip** ----------------

유제품이나 기름 없이 사용했다면,
물만 넣고 고속으로 돌려주는 것만으로도
충분히 세척이 가능하다.

1

블렌더는 사용 직후 컨테이너(용기)를
물로 가볍게 헹군다.

2

컨테이너(용기)에 물을 1/3정도 채우고,
주방세제 1방울을 더한다.

3

저속 → 고속으로 1분간 블렌더를
작동시킨 후 멈추고 한 번 더 물로 헹군다.
★ 더러운 곳이 남아 있다면
과정 ②~③을 한 번 더 진행한다.

4

입구가 아래로 향하게 둬 칼날 및 내부에
물기가 고이지 않도록 건조한다.

5

블렌더 본체는 바이오크린콜을
뿌려가며 마른행주로 깨끗하게 닦는다.

6

본체에 더러운 부분이 있다면
분리가 가능한 것은 분리한 후
세제로 씻는다. 건조한 다음 조립한다.

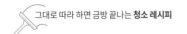

냄비 뚜껑(유리)

> 조리 상태를 쉽게 볼 수 있어 편리한 유리로 된
> 냄비 뚜껑. 가장자리 틈새에 음식물이 끼거나
> 오염이 잘 되기 때문에 위생에 신경 써야 합니다.
> 과탄산소다만 있다면 쉽고 깨끗하게 관리할 수 있지요.

🗓 청소 주기 **오염 시마다**
🕐 시간 **15분(+ 불리기 1시간 10분)**

도구

대야

소형브러시

수세미

재료

- 과탄산소다 2스푼
- 온수(85℃ 정도)
- 구연산
- 주방세제

✧◇✧ **두룸's tip**

과탄산소다를 사용할 때는 꼭
고무장갑을 착용하고, 환기를 시킨다.

1

대야에 냄비 뚜껑을 넣는다.

2

과탄산소다 2스푼을 넣고
뚜껑이 잠길 만큼의 온수를 붓는다.

3

그대로 1시간 둔다.

4

소형브러시로 가장자리 틈새를
깨끗하게 씻는다.

5

다시 대야에 구연산, 온수를 넣고
냄비뚜껑을 10분간 담가둔다.
★ 물로만 세척해도 무관하나
남아 있을지 모를 알칼리 성분을
없애기 위해 구연산을 넣은 물에
담가두는 것이 좋다.

6

수세미에 주방세제를 묻혀
한 번 더 씻은 후 물로 헹군다.

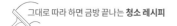
수세미 --------------------------------- 청소 주기 **매일** ⏱ 시간 **5분**

❝ 수세미는 오염되기 정말 쉬운 주방용품이라 건조에
특별히 신경 쓰고 최소 한 달에 한 번은 교체하며 사용해요.
만약 냄새가 나기 시작했거나 오염이 심하다면
교체주기 이전이라도 바꿔주세요.

재료

• 바이오크린콜

1

사용이 끝난 수세미는
뜨거운 물로 충분히 헹군다.

2

물기를 꼭 짠다.

3

바이오크린콜을 전체적으로
촉촉하게 뿌린다.

4

완전히 건조한다.

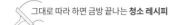

칼 & 나무도마 ------------------------------- 📅 청소 주기 **사용 시마다** 🕐 시간 **10분**

❝ 칼은 교차오염이 되지 않도록 식재료별로 다른 칼을
사용하거나 재료가 바뀔 때마다 세척 후 사용하는 것을
추천해요. 나무도마는 안전한 소재이지만 플라스틱이나
실리콘 도마에 비해 곰팡이나 세균 번식에 취약하다는 단점이
있기도 하지요. 칼과 나무도마는 사용 후 즉시 씻도록 하세요.

도구

 세척솔
(또는 수세미)

 마른행주

재료

- 설거지비누(또는 주방세제)
- 바이오크린콜

✧✦ 두룸's tip -----------------

1 고기나 생선을 손질했을 때는
   바로 찬물로 헹궈 도마에 남아 있는
   단백질을 없앤다.

2 도마의 오염이 심할 때는 굵은소금을
   뿌린 후 세척솔로 문질러 씻는다.

[칼]

1

잔여세제 염려가 없는 설거지비누
(또는 주방세제)를 세척솔
(또는 수세미)에 묻혀 칼을 세척한다.

2

흐르는 물에 헹군 후 물기를 없앤다.

3

바이오크린콜을 뿌린 후
마른행주로 닦는다.

[도마]

1

설거지비누(또는 주방세제), 세척솔
(또는 수세미)로 도마를 씻은 후 흐르는
물에 헹군다.

2

마른행주로 물기를 없앤 다음
그늘에서 건조한다.

3

건조한 후 바이오크린콜을 뿌리고,
마른행주로 닦는다.

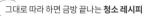

고무장갑 ------------------------------ 🗓 청소 주기 **매일** ⏱ 시간 **5분**

❝ 생각보다 세균 번식이 정말 쉽게 잘 되는 고무장갑은
한 달에 한 번 교체하며 사용하는 것이 위생상 가장
좋다고 해요. 물론 매일 관리만 잘하면 세균 번식 걱정은 덜고
피부도 보호하며 사용할 수 있답니다.

도구

집게

재료

- 설거지비누(또는 주방세제나 손세정제)

✧✧ **두룸's tip** ------------
고무장갑에서 냄새가 많이 난다면
화이트식초와 물을 1:1로 섞은 물에
10분 정도 담가두었다가 세척 후 말려서
사용한다.

1

매일 주방 마감 후에 고무장갑을 낀 손에
설거지비누(또는 주방세제나 손세정제)를
묻혀 비벼가며 씻는다.

2

고무장갑을 뒤집는다.

3

한 번 더 같은 방법으로 씻어
물로 헹군다.

4

손가락 끝부분을 집게로 집어
걸어서 건조한다.

행주

 청소 주기 **매일**
 시간 **10분(+ 불리기 12시간)**

❝ 위생과 맞닿아 있어 관리에 늘 신경 쓰이는 행주.
매번 삶아서 쓸 수도 없고, 그냥 사용하기에는 찜찜하죠.
주방 마감 후에 그날 사용한 행주를 모두 설거지통에
담가두었다가 간단히 세척하고 살균, 소독까지 할 수 있는
방법을 소개합니다.

도구

설거지통(또는 대야)

재료

• 과탄산소다 2~3스푼
• 설거지비누

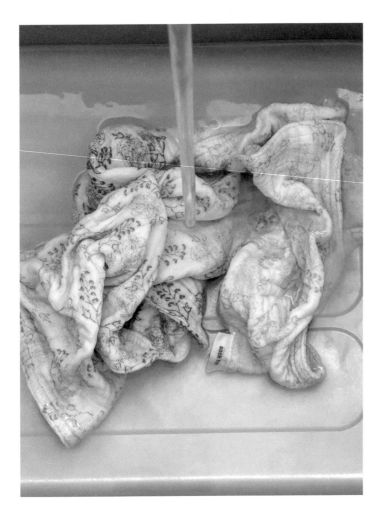

◇✧ **두룸's tip**

1 여러 번 빨아서 재사용이 가능하고,
  버리기 전에는 청소용으로도 쓸 수 있는
  생분해가 되는 행주(19쪽)를 추천한다.
2 과탄산소다를 사용할 때는 꼭
  고무장갑을 착용하고, 환기를 시킨다.

1

매일 주방 마감 후 행주에 묻은 이물질을
털어낸다. 설거지통에 행주를 담고
잠길 만큼의 물을 붓는다.

2

과탄산소다 2~3스푼을 넣는다.

3

골고루 섞어 아침까지 담가둔다.

4

아침에 설거지비누로 깨끗하게
손빨래를 한다.

5

물로 헹군 후 물기를 꼭 짠다.

6

햇빛에 충분히 말린다.
이 과정에서 얼룩이 많이 제거된다.

식기세척기

📅 **청소 주기 월 1회**
🕐 **시간 20분(+ 통세척 모드시간)**

> 하루에 한 번은 꼭 사용하는 식기세척기. 관리를 소홀히 하면 내부에 음식물 찌꺼기가 쌓이고, 원치 않는 냄새가 날 수 있어요. 바쁜 날을 제외하고는 애벌세척을 어느 정도 한 후 식기세척기를 사용하기 때문에 월 1회 정도만 청소를 해도 충분하더라고요. 애벌세척을 꼼꼼하게 하지 않는다면 필터와 내부 청소 횟수를 더 늘리는 걸 추천해요.

 도구

세척솔

재료

- 주방세제
- 구연산 /
  화이트식초 1~1과 1/2컵(200~300㎖) /
  식기세척기 클리너(15쪽) 중 1개 선택

 두룸's tip

식기세척기 필터는 소모품이므로
오염 상태에 따라 보통 3~6개월 주기로
교체하며 사용하는 것이 좋다.

1

내부 선반, 필터를 분리한다.

2

필터는 주방세제를 뿌리고
세척솔로 씻은 후 헹군다.

3

세척한 필터, 내부 선반을 다시
조립한다.

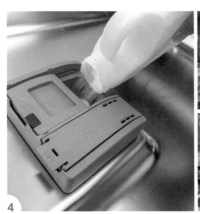

4

아래 3가지 방법 중 하나를 선택해 세척을 진행한다.
방법 1 구연산을 세제통에 가득 채우고, 내부에도 흩뿌린다.
방법 2 상단 선반에 화이트식초를 담은 그릇을 올린다.
방법 3 식기세척기 클리너를 세제통에 가득 채우고, 내부에도 흩뿌린다.

5

식기세척기 통세척 모드로 청소한다.
끝나면 식기세척기의 문을 열어둬
완전히 건조한다.

식기건조대

> 식기세척기를 사용하더라도 아이들 식기나 식기세척기
> 사용이 어려운 도구들은 따로 설거지를 하다 보니,
> 식기건조대가 꼭 필요하더라고요. 요즘은 녹이 생기지 않고
> 관리가 비교적 쉬운 스테인리스 소재를 많이 사용하는데요,
> 그럼에도 먼지가 쌓이고 물때가 생기므로 꼼꼼한 관리가
> 필요하답니다.

청소 주기 **주 1회**
시간 **10분(+ 불리기 30분)**

도구

세척솔   마른행주
         (또는 키친타월)

재료

- 주방세제
- 구연산수(22쪽)

 **두룸's tip**

전기주전자(72쪽)를 세척하고 남은
구연산수로 식기건조대를 청소하면
훨씬 더 효율적이다.

1 세척솔에 주방세제를 묻혀서
식기건조대 틈새까지 골고루 닦는다.

2 물로 깨끗하게 헹군 후 건조한다.

3 식기건조대의 받침대에
행주(또는 키친타월)를 올린다.

4 구연산수를 골고루 뿌려서
30분간 둔다.

5 행주(또는 키친타월)를 제거한 후
세척솔에 주방세제를 묻혀 닦는다.

6 물로 헹군다.

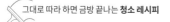

싱크대 상판과 벽, 문 ---------------- 📅 청소 주기 **주 1회** ⏱ 시간 **15분**

❝ 매일 생기는 가벼운 오염은 바이오크린콜로 닦아도 되지만, 일주일에 한 번 정도는 싱크대 상판과 벽, 문을 주방세제를 이용해 깨끗하게 청소하는 것이 좋아요. 요리를 하는 과정에서 음식물이 튀거나 눈에 보이지 않는 얼룩이 꽤 많이 생기기 때문입니다.

도구

 설거지통 (또는 대야)

 제로 스크래치 수세미

 마른행주

재료

- 주방세제
- 바이오크린콜

1

설거지통(또는 대야)에 뜨거운 물과
주방세제를 넉넉히 풀어준다.

2

제로 스크래치 수세미를 담갔다가
물기를 꼭 짜낸다.

3

싱크대 상판, 벽, 문을 닦는다.
이때, 눌어붙은 오염이 있다면
집중적으로 문질러 제거한다.

4

행주를 깨끗한 물에 적시고
물기를 꼭 짜낸 후 전체적으로 닦는다.

5

바이오크린콜을 뿌려가며
마른행주로 한 번 더 닦는다.

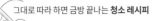
싱크대 서랍

📅 청소 주기 **월 1회** 🕐 시간 **20분**

❝ 싱크대 서랍 속에는 생각보다 많은 먼지가 있습니다.
서랍을 모두 비우고 큰 먼지는 핸디청소기로 제거 후
바이오크린콜을 뿌려서 행주로 닦아서 관리합니다.
서랍 바닥의 크기에 맞춰 미끄럼방지시트나 행주를 잘라서
깔아두면 오염이 생겼을 때 이 부분만 닦거나 교체하면
되어 편리해요.

도구

 핸디청소기   마른행주

 미끄럼방지시트
(또는 행주)

재료

• 바이오크린콜

◇˚ **두룸's tip**

1 잘 지워지지 않는 얼룩은 먼저
 주방세제를 희석한 물과 수세미로
 제거 후 행주로 한 번 더 닦는다.

2 싱크대 하단 서랍은 습도가 높은
 곳이라 세균과 곰팡이에 취약한
 식기나 냄비보다는 청소용품을
 수납하는 것이 좋다.

3 평소에 자주 열어 환기시킨다.

1

서랍을 비운 후 핸디청소기로
큰 먼지를 제거한다.

2

바이오크린콜을 뿌려가며
마른행주로 닦는다.

3

서랍 손잡이와 문 상단 부분도
깨끗하게 닦는다.

4

서랍 바닥 크기에 맞춰
미끄럼방지시트(또는 행주)를
자른 후 깐다.
★ 미끄럼방지시트(또는 행주)를 깔면
서랍을 열 때마다 속의 그릇이나
냄비가 미끄러지는 것을 방지하고
더 깨끗하게 관리할 수 있다.

싱크볼 청소 주기 **매일** 시간 **10분**

❝ 하루에도 몇 번씩 설거지와 요리 준비로 물이 마를 날이
없는 곳입니다. 가족의 건강과 맞닿아있다 보니
사용 후 바로바로 오염을 제거하는 것이 가장 좋아요.
매일 주방을 마감할 때 구석구석 신경 써서 관리하고,
특히 닭고기와 같이 세균에 취약한 재료를 손질한 날은
더 꼼꼼하게 청소와 살균, 소독해 주세요.

도구
세척솔(또는 수세미)

재료
- 베이킹소다
- 주방세제

◇◇ 두룸's tip

1 일주일에 한 번씩은 과탄산소다를
전체적으로 뿌리고 수세미나
솔로 문질러 세척하면 살균까지 한 번에
끝낼 수 있다.

2 3개월에 한 번 정도는 청소 후 물기를
모두 닦은 다음 행주에 린스를 소량
묻혀 닦는다. 이렇게 하면 코팅이 되면서
보다 쉽게 물때 관리를 할 수 있다.

3 물때가 심하다면 구연산수(22쪽)를
고루 뿌려준 후 청소하면 좋다.

1
싱크볼 배수구 거름망의
음식물 찌꺼기를 비운다.
베이킹소다를 전체적으로 뿌린다.

2
주방세제를 한두 번 짠다.

3
세척솔(또는 수세미)로 깨끗하게 씻는다.

4
배수구 거름망과 배수구 내부도
세척솔로 깨끗하게 씻는다.
★ 세척솔을 사용하면 배수구 내부까지
청소하기 편리하다.

5
물로 깨끗하게 헹군다.

싱크대 수전

늘 수전 겉만 닦았나요? 수전헤드를 뒤집어서 안쪽을
한 번 확인해 보세요. 생각보다 많은 물때와 이물질에 깜짝
놀랄 수 있어요. 그 물로 식재료를 씻고 설거지를 하고 있었다고
생각하면 바로 청소하고 싶을 정도랍니다. 화이트식초만
있다면 쉽게 해결되므로 잊지 말고 주기적으로 관리하세요.

도구

지퍼백 　　　 집게

틈새솔 　　　 마른행주

재료

• 화이트식초

✧✧ 두룸's tip

1 화이트식초와 물을 1:1로 섞은 것을
　뿌려 10분간 둔 후 씻어도 좋다.

2 3개월에 한 번 정도는 청소 후 물기를
　모두 닦은 다음 행주에 린스를 소량
　묻혀 닦는다. 이렇게 하면 코팅이 되면서
　보다 쉽게 물때 관리를 할 수 있다.

1 지퍼백에 화이트식초 약간을 넣고
물을 채운다.

2 수전헤드가 잠기도록 감싼 후
집게로 고정시킨다.
그대로 1시간 정도 둔다.

3 지퍼백을 제거하고 수전헤드를
틈새솔로 씻는다.

4 물을 끼얹어가며 헹군다.

5 마른행주로 물기를 없앤다.

싱크대 배수구 ----------------------------------- 📅 청소 주기 **주 1회** 🕐 시간 **30분**

❝ 싱크대 배수구 속을 들여다보면 기름과 물때가 얽혀
더러운 경우가 많습니다. 심한 경우 악취가 올라오기도 하고요.
정말 손대기 싫은 곳 중에 한 군데가 아닐까 해요.
오염된 곳이 손에 닿지 않게 하면서도, 배관 내부까지 깨끗하게
청소할 수 있는 방법이 있으니 바로 시작하세요.

도구

종이컵   세척솔
(또는 요거트통)

재료

- 과탄산소다
- 온수(75℃ 정도)

◇✧ **두룸's tip** ----------------

1 과탄산소다를 사용할 때는 꼭
   고무장갑을 착용하고, 환기를 시킨다.

2 너무 뜨거운 물을 한 번에 흘려보내면
   배수구관의 재질과 상태에 따라
   손상될 수 있으므로 온수(75℃ 정도)를
   사용한다.

3 배수구 청소가 끝날 때 싱크볼(96쪽)을
   함께 청소하면 훨씬 효율적이다.

1

배수구를 깨끗하게 비운다.

2

배수구 속에 과탄산소다를
채운 종이컵(또는 요거트통)을 올린다.

3

온수를 종이컵에 천천히 붓는다.
급하게 부으면 과탄산소다가 한 번에
흘러내려가서 충분한 세정효과를 볼 수
없으므로 천천히 붓는 것이 중요하다.

4

보글보글 거품이 나면서 천천히
배관으로 흘러내려 가도록 둔다.

5

거품이 더 이상 올라오지 않을 때까지
기다렸다가 물로 충분히 헹군다.

6

필요 시 세척솔로 씻는다.

쓰레기통 ·· 📅 청소 주기 **주 1회** ⏱ 시간 **5분**

❝ 쓰레기통에 비닐봉지를 씌워두면 청소와 관리가 훨씬 편해요.
또한 여름에는 가능한 작은 용량의 쓰레기통을 활용,
자주 비우고 있어요. 쓰레기통에 냄새가 많이 날 경우 틈틈이
베이킹소다를 안에 뿌려주면 탈취 효과도 있습니다.

도구
핸디청소기   마른걸레

분무기

재료
- 바이오크린콜
- 화이트식초와 물을 1:1로 섞은 것

✧ **두룸's tip** ························

싱크대 하단 서랍 하나를 재활용
분리수거함으로 만들어 사용하는 것을
추천한다. 서랍 내에 칸을 나눠
비닐, 플라스틱, 종이류를 넣으면 훨씬
빠르게 정리할 수 있다.

1

쓰레기통의 비닐봉지를 비운다.

2

내부의 먼지를 핸디청소기로 청소한다.

3

바이오크린콜을 뿌린 후
내부, 외부를 마른걸레로 닦는다.
다시 새 비닐봉지를 씌운다.

[오염이 심한 경우]

1

화이트식초와 물을 1:1로 섞은 것을
분무기에 담고 쓰레기통에 뿌려
10분 이상 둔다.

2

마른걸레로 내부, 외부를 닦는다.

음식물 쓰레기통

🗓 청소 주기 **사용 시마다**
🕐 시간 **10분 (+ 불리기 30분)**

❝ 음식물 쓰레기는 조금만 방치해도 냄새가 스멀스멀 올라와 멀리하고 싶은 살림 중 하나가 아닐까 싶어요. 가능한 음식물 쓰레기는 자주 비우고 세척하며 관리해 주세요.

도구

 수세미　　 키친타월

재료

- 화이트식초
- 주방세제
- 구강청결제

✧◇ **두롬's tip**
음식물 쓰레기를 매일 비우기 어렵다면 음식물 쓰레기 처리기를 사용하는 방법을 추천한다. 고온에서 건조하는 방식이라 처리 후 부피가 확 줄어들고 악취가 나지 않는 장점이 있다.

1

음식물 쓰레기를 비운 후
통을 물로 깨끗이 헹군다.

2

물을 가득 채우고 화이트식초를 부어
30분간 둔다.

3

물을 비운다.

4

수세미에 주방세제를 묻힌 후
깨끗이 세척하고 건조한다.

5

냄새가 심한 경우 키친타월에
구강청결제를 살짝 묻힌다.

6

구석구석 닦아 냄새를 없앤다.

주방 바닥

청소 주기 **매일** 시간 **10분**

66 기름 요리를 하고 나면 유독 끈적이는 주방 바닥.
바로 청소하지 않으면 묵은 때가 돼서 더 힘들어집니다.
수시로 닦아 관리를 해주는 것이 좋아요. 관리가 번거로운
주방 발매트는 사용하지 않고 매일 주방 마감 후
바닥을 한 번 닦아서 마무리하세요.

도구

밀대(긴 것)

걸레
(또는 물걸레
청소포)

재료

• 바이오크린콜

1

주방바닥에 전체적으로
바이오크린콜을 뿌린다.

2

긴 밀대에 물기를 꼭 짠 걸레(또는
물걸레 청소포)를 끼운 후 닦는다.

◇✧ 두룸's tip

주방 마감 후 늦은 시간이 아니라면 물걸레 로봇청소기를 돌려두자.
훨씬 더 깨끗하게 마무리할 수 있다.

한 번에 청소하면 효율 UP

한 번에 묶어서 청소를 진행하면 훨씬 더 효율적인 것들을 소개한다.

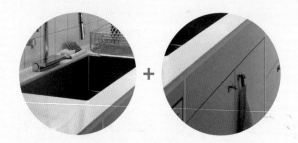

☐ **싱크대 상판과 벽 + 싱크대 문**
주방을 마감하면서 싱크대 상판을 닦는 김에 주변의 벽, 싱크대 문의 오염까지
가볍게 닦아내면 늘 환한 주방을 유지할 수 있다.

☐ **설거지 + 싱크볼 청소 + 배수구**
설거지 후 싱크볼, 배수구 망과 배수구 내부까지 한 세트로 청소를 하면
묵은 때가 쌓이지 않고 매일 가볍게 관리할 수 있다.

☐ **전기주전자 + 식기건조대 + 싱크볼**
전기주전자를 청소하면서 생긴 구연산수로 식기건조대와 싱크볼의 물때를
제거하고 세척하면 한 번에 세 가지 청소를 끝낼 수 있다.

☐ **인덕션 + 후드**
인덕션 청소하는 김에 후드도 놓치지 말자. 기름때는 특히 가벼울수록 손쉽게 제거할 수
있으니 후드도 자주 세척하면서 효율이 떨어지지 않도록 관리하자.

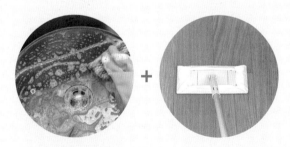

☐ **설거지 + 주방 바닥 청소**
설거지를 하다 보면 어쩔 수 없이 바닥에 떨어지는 물기와 오염물들도
바로바로 닦아주는 것이 좋다.

욕실

물때와 곰팡이의 습격으로부터 지키는 청소법

❝ 욕실은 다른 곳과 달리 물을 많이 사용하는 공간이기 때문에 곰팡이나 물때가 쉽게 생기게 된다. 그러다 보니 청소에 조금만 소홀해도 티가 많이 나는 편. 욕실 구석구석을 체계적으로, 보다 간편하게 청소할 수 있는 방법을 소개한다.

check-list

☑ **세면대**
- 세면대
- 세면대 배수구

☑ **욕조**
- 욕조
- 샤워기

☑ **변기**
- 변기
- 변기 수조

☑ **도구**
- 거울
- 휴지걸이
- 세척솔
- 욕실화
- 목용용품

☑ **바닥과 벽, 천장**
- 욕실 벽과 천장
- 욕실 바닥
- 배수구(욕실 하수구)
- 환풍기
- 샤워부스

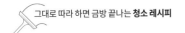

세면대 ⌂ 청소 주기 **주 1회** ⏱ 시간 **10분**

❝ 사용빈도가 높은 만큼 오염되기 쉬운 곳, 세면대입니다.
매일 저녁 잠들기 전 손세정제를 묻힌 수세미나 세제가
함유된 수세미를 작게 잘라 가볍게 청소 후 물기를 제거하되,
주 1회 정도는 소개해 드리는 다음의 방법대로 청소해
살균 작업까지 하면 더 깨끗하게 사용할 수 있어요.

도구 수세미 마른행주

재료
• 과탄산소다 1/4컵

◇✧ **두룸's tip**
1 과탄산소다를 사용할 때는 꼭
고무장갑을 착용하고, 환기를 시킨다.

2 세면대 사용 후 물기를 바로 제거하는
것만으로도 깨끗하게 사용할 수
있다. 사용하지 않는 수건이나 행주를
준비해두고 물기를 수시로 닦는다.

1 세면대에 뜨거운 물을 약간 받는다.

2 과탄산소다 1/4컵을 붓는다.

3 수세미에 ②의 물을 묻혀가며 세면대를 닦는다.

벽까지 깨끗하게 닦아요.

4 세면대 안쪽뿐만 아니라 겉면, 벽, 배관 등도 모두 닦는다.

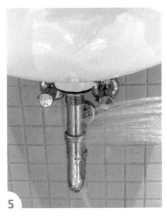

5 물로 헹군다.

6 마른행주로 구석구석 닦아 물기를 없앤다.

세면대 배수구

❝ 세면대 배수구의 관리를 소홀히 하면 물이 내려가는
속도가 느려지고 악취가 올라올 수 있어요.
세면대(112쪽)를 청소하면 어느 정도 청소가 되지만,
월 1회는 배수구 내부까지 청소가 가능한 전용 제품을
사용해서 청소합니다.

도구
작은솔

재료

• 배수구 클리너(16쪽)

✧✦ 두룸's tip

배수구 클리너가 없어도 청소가 가능하다.

1 배수구에 과탄산소다를 충분히
   뿌린 후 온수(75℃ 정도)를 천천히,
   조금씩 붓는다.

2 조금 기다리면 배수구의 오염물과
   과탄산소다가 만나 거품이 생긴다.

3 그대로 30분~1시간 정도 뒀다가
   물로 씻는다.

1

배수구 클리너에 동봉된 컵을
세면대 팝업에 수평이 되도록 끼운다.

2

제품 전량을 모두 컵에 붓고 1시간 정도
서서히 클리너가 내려가도록 둔다.

3

컵을 빼낸 후 30초 이상
물로 충분히 헹군다.

4

세면대 팝업을 분리한다.

5

작은솔로 씻은 후 물로 헹군다.

6

팝업을 다시 조립한다.

욕조

❝ 욕조 표면에는 세제와 때가 엉겨 붙어있는 경우가
많아요. 매일 사용 후 소량의 바디워시나 샴푸, 스펀지를
이용해 닦는 방법이 가장 좋지만 이것도 귀찮을 때는
가장 뜨거운 물을 틀어 전체적으로 헹구세요.
이렇게만 해도 욕조를 깨끗하게 유지할 수 있지요.
그래도 주 1회 정도는 다음의 청소를 진행하세요.

도구

수세미　　　작은솔

재료

• 과탄산소다 1컵

◇✧ 두룸's tip

1 과탄산소다를 사용할 때는 꼭
고무장갑을 착용하고, 환기를 시킨다.

2 오염이 심하다면 과정 ②에서 불리는
시간을 10분 정도까지 늘리고,
주방세제로 거품을 내어
전체적으로 한 번 닦아도 좋다.

긴 밀대를 사용하면 편해요.

1

샤워기로 욕조 전체에 물을 뿌린다.

2

물기가 있는 욕조에 과탄산소다 1컵을
고루 뿌린 후 3~5분 정도 둔다.
★ 때를 불리는 동안 욕실의
다른 공간을 청소하면 좋다.

3

수세미로 욕조를 닦는다.
★ 긴 밀대(19쪽)에 욕실용 스펀지를
꽂아 청소하면 깊이가 있는 욕조 청소 시
유용하다.

4

수전도 깨끗하게 닦는다.

5

작은 솔로 배수구를 청소한다.

6

샤워기로 물을 뿌려 헹군다.

샤워기

> 샤워기 호스 내부에는 항상 물기가 남아 있기 때문에
> 물때와 곰팡이가 생기기 쉽고, 외부 역시 틈새에 때가
> 많이 있곤 해요. 과탄산소다를 이용하면 비교적 간단하게
> 내부, 외부를 청소할 수 있지요. 참, 샤워기 호스는 물때가
> 생기지 않는 매끈한 형태로 바꾸면 청소가 더 수월하답니다.

도구

스패너　　대야(또는 지퍼백)

작은솔

재료

- 과탄산소다 2스푼
- 주방세제

✧✧ **두룸's tip**

1 과탄산소다를 사용할 때는 꼭
  고무장갑을 착용하고, 환기를 시킨다.

2 샤워기 호스를 분리하기 어렵다면
  비닐에 물을 담아 샤워기 호수가
  잠기도록 감싼 후 집게로 고정시킨다.

1

스패너를 사용해서 샤워기 호스를
분리한다.

2

대야(또는 지퍼백)에
샤워기, 과탄산소다 2스푼을 넣는다.

3

잠길 만큼의 물을 담고
1시간 정도 둔다.

4

주방세제를 묻힌 작은솔로
깨끗하게 씻는다.

5

물로 헹군다.

6

다시 스패너를 이용해 조립한다.

변기

 청소 주기 **주 2~3회** 시간 **15분**

❝ 관리가 어려운 변기솔 없이 변기를 깨끗하게 유지할 수 있는 청소법을 소개합니다. 사용이 간편한 청소 도구 몇 가지면 해결되지요. 변기는 사용 후 꼭 뚜껑을 닫고 물을 내리도록 하세요.

도구

세제가 함유된 수세미(20쪽)

일회용 변기 청소용 스틱
(또는 스테인리스 집게)

재료

• 욕실 청소용 락스 세정제(16쪽)

◇✧ **두룸's tip**

1 욕실 청소용 락스 세정제가 없다면 일회용 변기 청소용 스틱만 사용해도 된다.

2 락스 세정제를 사용할 때는 꼭 고무장갑을 착용하고, 환기를 시킨다.

3 일회용 변기 청소용 스틱은 청소 후 바로 변기에 버릴 수 있는 일회용 청소시트가 포함된 제품으로 변기 청소에 용이하다. 스카트 올인원 변기 청소 브러시 제품을 사용 중이다.

1

욕실 청소용 락스 세정제를
변기 내부 안쪽 테두리, 물구멍까지
고루 뿌린 후 3분간 둔다.

2

세제가 함유된 수세미를 사용해
변좌를 먼저 닦은 후
변기 커버와 변기 외부를 청소한다.
★ 세제가 함유된 수세미는 필요한
크기로 잘라서 사용한다.

집게에 수세미를 꽂아서 사용해도 돼요.

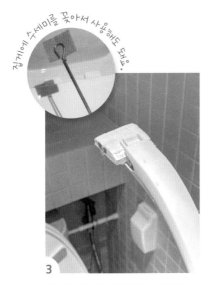

3

일회용 청소시트가 끼워진 스틱으로
변기 구석구석을 청소한다.
★ 과정 ②에서 사용한 수세미를
스테인리스 집게에 꽂아서 사용해도 좋다.

4

샤워기로 물을 뿌려 헹군 후
변기물을 내린다.

변기 수조

청소 주기 **1년에 1회**
시간 **10분(+ 불리기 2시간)**

고장이 나지 않는 한 열어볼 일이 없는 변기 수조도
사실은 반드시 청소가 필요해요. 1년에 한 번 정도
이 방법으로 묵은 때를 청소하면서 변기 수조에 물때와
곰팡이가 생기지 않도록 관리하세요.

도구
작은솔   일회용 변기 청소용 스틱

재료
• 과탄산소다 1/4컵

◇◇ 두룸's tip

과탄산소다를 사용할 때는 꼭 고무장갑을
착용하고, 환기를 시킨다.

1

과탄산소다 1/4컵을 수조 내부에
골고루 뿌려 2시간 정도 둔다.

2

수조 안쪽을 솔로 청소한다.

3

물을 내려 수조를 청소한 물로
변기 안쪽까지 청소한다. 이때, 일회용
변기 청소용 스틱을 사용해도 좋다.
★ 변기(120쪽)와 함께 청소하면
훨씬 효율적이다.

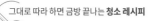
거울

> 욕실에 들어갔을 때 가장 먼저 눈이 가는 거울.
> 거울이 얼룩덜룩하다면 욕실 전체가 깨끗해 보이지 않겠지요.
> 양치를 하거나 손을 씻으면서 튄 얼룩은 틈틈이 닦아주는 것이
> 가장 좋습니다. 바이오크린콜을 사용하면 깨끗하게 닦일 뿐
> 아니라 닦은 자국도 남지 않아요.

도구

극세사 행주

재료

- 바이오크린콜
- 린스(또는 트리트먼트)

✧✧ **두룸's tip**

좀 더 간편하게 청소하고 싶다면
유리거울 세정 청소티슈를 사용하자.
세제 없이 티슈 한 장으로
거울부터 창문 청소까지 깔끔하게
끝낼 수 있다. 스카트 유리거울 세정
청소티슈를 사용 중이다.

1

바이오크린콜을 골고루 뿌린다.

2

극세사 행주로 꼼꼼하게 닦는다.

3

극세사 행주에 린스를 살짝 묻혀
한 번 더 닦는다.
★ 린스로 닦으면 코팅 효과가 생겨
먼지나 얼룩이 덜 생기게 되면서
보다 쉽게 관리할 수 있다.

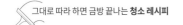

휴지걸이

❝ 욕실을 사용하면서 튄 물 얼룩과 휴지에서 생긴 먼지로
생각보다 오염이 쉽게 되는 휴지걸이. 특히 대부분
스테인리스 소재라서 얼룩이 잘 생긴답니다. 물로 씻으면
물 얼룩이 더 생겨 번거롭게 되므로 섬유유연제로 닦아주세요.

 도구

마른행주

 재료

• 섬유유연제

1

물에 소량의 섬유유연제를 넣고
섞는다.

2

마른행주에 적셔 물기를 짠 후
휴지걸이를 닦는다.

3

물기 없는 마른행주로 한 번 더 닦는다.

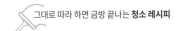

세척솔

66 사용 후에 머리카락과 이물질이 엉겨 붙어 세척이
번거로운 청소용품이 바로 세척솔이에요. 세척솔을
사용 후 그냥 둔다면 청소를 잘 끝마치고도 숙제가
남아 있는 느낌이라고나 할까요. 이제, 간단한 방법으로
관리하며 위생적으로 사용해 보아요.

 청소 주기 **주 1회**
 시간 **10분(+ 불리기 1시간)**

도구

양동이

재료

• 과탄산소다 1/2컵

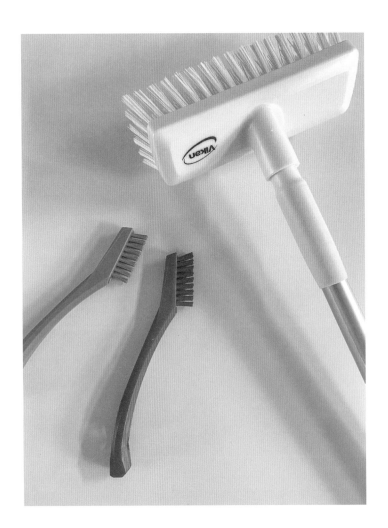

 **두룸's tip**
과탄산소다를 사용할 때는 꼭 고무장갑을
착용하고, 환기를 시킨다.

1 세척솔은 사용 후 다른 솔로 살살 긁어 머리카락이나 이물질을 한쪽으로 모은 후 떼어낸다.

2 양동이에 세척솔의 헤드 부분을 담고 과탄산소다 1/2컵을 담는다.

3 뜨거운 물을 붓는다.

4 그대로 1시간 둔다.

5 솔을 모두 꺼내 물에 헹군다.

선반에 올려서 말려도 좋아요.

6 물기를 없앤 후 건조한다.

욕실화

청소 주기 **2개월에 1회**
시간 **10분 (+ 불리기 1시간)**

도구
지퍼백   작은솔

재료
• 과탄산소다 1스푼

" 원래는 물 빠짐이 좋도록 바닥에 구멍이 난 욕실화를
사용했었는데요, 되려 구멍에 물때와 곰팡이가 생겨
관리가 어렵더라고요. 때문에 바닥이 꽉 막힌 물구멍이 없는
욕실화로 바꿨어요. 청소할 때 신어도 젖지 않고
오염으로부터 발을 보호해 주다 보니 청소나 관리 면에서
저랑 잘 맞더라고요.

✧✧ **두룸's tip**
과탄산소다를 사용할 때는 꼭 고무장갑을
착용하고, 환기를 시킨다.

130

1

지퍼백에 과탄산소다 1스푼을 넣는다.

2

욕실화를 넣고 뜨거운 물을 담는다.

3

지퍼백은 끝부분이 살짝 열리도록
닫거나 집게로 살짝 집어서 1시간 둔다.
★ 과탄산소다를 넣은 지퍼백을
꽉 닫게되면 폭발 위험이 있으므로
열어두는 것이 중요하다.

4

욕실화를 꺼내 작은솔로 씻는다.

5

물로 헹군다.

6

물이 잘 빠지도록 세워 건조한다.

목욕용품

청소 주기 **주 1회**
시간 **10분 (+ 불리기 1시간)**

> 대야나 바가지, 목욕의자 등 목욕용품은 조금만 관리에
> 소홀하면 미끌미끌한 물때가 생겨요. 일주일에 한 번은
> 모두 모아서 욕조에 담가 세척해 주세요. 평소에도 되도록
> 바닥에 닿게 두지 말고, 공중부양으로 잘 말려가며 사용하면
> 좋답니다. 욕조에 물을 받아 목욕한 날이라면 물을 버리지 말고
> 목욕용품 청소에 활용하세요.

도구
욕조　　수세미

재료
• 과탄산소다 1/2컵

✧✧ 두룸's tip

1 과탄산소다를 사용할 때는 꼭
　고무장갑을 착용하고, 환기를 시킨다.

2 욕조가 없다면 목욕용품에
　세제를 뿌려가며 닦는다.

3 욕실에서 사용하는 목욕용품과
　제품(샴푸, 린스 등)은 바닥에
　닿지 않도록 공중부양해서 보관하면
　물때를 방지할 수 있다(145쪽).

1

욕조에 대야, 바가지, 목욕의자 등
모든 목욕용품을 담는다.

2

목욕용품이 잠길 만큼의 물을 받는다.

3

과탄산소다 1/2컵을 넣고
1시간 동안 불린다.

4

하나씩 꺼내 수세미로 구석구석 씻는다.

5

물로 헹군다.

6

최대한 바닥에 닿는 면이 적도록
욕조 가장자리에 올려 건조한다.

욕실 벽과 천장

⎯⎯⎯⎯⎯⎯⎯⎯⎯⎯⎯⎯⎯⎯⎯⎯⎯⎯⎯⎯⎯⎯ 📅 청소 주기 **월 1회** 🕐 시간 **10분**

" 욕실 벽과 천장에는 눈에는 잘 띄지 않지만 끈적하게 눌어붙은
오염이 많습니다. 따라서 이곳 역시 주기적인 청소가 필요해요.
욕실 벽과 천장 청소 시 흘러내린 먼지나 찌꺼기가 욕실 바닥에
쌓이게 되므로 욕실 바닥(136쪽) 청소도 동시에 진행하세요.

도구

걸레　　밀대(긴 것)

재료

• 바이오크린콜

1

걸레를 따뜻한 물에 담갔다가 꺼내
물기를 꼭 짠다.

2

긴 밀대에 끼운 후
바이오크린콜을 뿌린다.

3

욕실의 벽과 천장을 고루 닦는다.

4

모서리 부분도 깨끗하게 닦은 후
문을 열어 환기시킨다.

욙실 바닥

청소 주기 **주 1회** | 시간 **15분**

❝ 오염되면 가장 눈에 띄는 곳이 바로 바닥이지요. 길이가
긴 청소 도구를 활용하면 쭈그리고 앉아 청소하지 않아도 돼서
청소에 대한 부담이 줄어들게 돼요. 주기적으로 청소하면
물때나 곰팡이가 생길 틈이 없답니다.

도구

작은솔　　세척솔(긴 것)

스퀴지(긴 것)

재료

• 욕실 청소용 락스 세정제(16쪽)

✧◇ 두룸's tip

1 락스 세정제를 사용할 때는 꼭
　고무장갑을 착용하고, 환기를 시킨다.

2 진한 곰팡이(검은색)가 있다면
　과정 ①에서 욕실 청소용 락스 세정제를
　짠 후 그 위에 휴지를 올리고
　다시 욕실 청소용 락스 세정제를 뿌려
　5시간 이상 둔 후 씻는다. 휴지가
　떨어지기 쉬운 위치(벽)라면 세제를
　뿌린 후 랩으로 한 번 더 붙인다.

1

줄눈에 분홍 곰팡이가 있다면
물기가 없을 때 줄눈을 따라
욕실 청소용 락스 세정제를 짠 후
잠시 둔다.

2

작은솔로 청소한다.

3

전체적으로 물을 뿌린다.
긴 세척솔로 바닥을 청소한다.

4

바닥 타일 사이사이도 작은솔로
청소한다.

5

바닥을 물로 헹구면서
동시에 긴 스퀴지를 이용해
배수구쪽으로 물을 긁는다.

배수구(욕실 하수구)

" 욕실을 깨끗하게 청소한 후에도 어디선가 냄새가
난다면 세면대나 욕조 그리고 바닥의 배수구가 범인일
가능성이 커요. 따라서 욕실 청소의 마무리는 꼭 배수구로
하세요. 여름에는 온수를 배수구에 부어주면 초파리가
생기는 것도 방지할 수 있습니다.

도구
작은솔

재료
- **주 1회** 과탄산소다
- **월 1회** 배수구 클리너(16쪽)

◇✧ **두룸's tip**

1 과탄산소다를 사용할 때는 꼭
  고무장갑을 착용하고, 환기를 시킨다.

2 장기간 집을 비울 때는 지퍼백이나
  비닐봉지에 물을 담아서 밀봉한
  후 배수구 위에 올려두면 냄새가
  올라오거나 초파리가 생기는 것을
  막을 수 있다.

1
배수구 덮개를 열어 머리카락 및
이물질을 제거한다.

2
배수구 부속품을 분리한 후
과탄산소다를 뿌린다.

3
작은솔로 배수구 내부, 외부를 청소한다.
부속품도 깨끗하게 닦는다.

4
배수구 덮개를 덮는다.
★ 배수구에 거름망을 부착해도 좋다.
배수구 막힘도 방지할 수 있고,
청소할 때 이물질을 한 번에 제거할 수
있어서 편리하다.

[월 1회 청소]

1
배수구 덮개를 열어 배수구 클리너에
동봉된 컵을 수평으로 올린 다음
클리너를 모두 붓는다.

2
1시간 정도 뒤 서서히 클리너가
내려가도록 한 후 30초 이상
물로 충분히 헹군다.

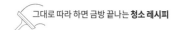
환풍기 ----------------------------------- 📅 청소 주기 **월 1회** 🕐 시간 **20분**

❝ 욕실 천장과 벽을 청소할 때 환풍기도 열어서 함께
청소하면 좋아요. 환풍기를 청소한다고? 생각하겠지만
열어보면 생각보다 많은 먼지에 놀라게 될 겁니다.
먼지를 자주 제거해야 환풍기가 제 기능을 할 수 있어요.

도구

장갑형
먼지 청소포
(또는 정전기 청소포)

작은솔

재료

• 주방세제

◇✧ **두룸's tip** -----------------

<u>장갑형 먼지 청소포</u>는 장갑형이라서
환풍기 내부 굴곡진 곳의 먼지까지
편리하게 제거할 수 있어요.

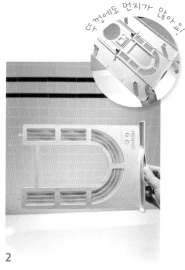

뚜껑에도 먼지가 많아요!

1

환기구 뚜껑을 분리한다.

2

먼지필터를 떼어내어 먼지를 제거한다.

3

장갑형 먼지 청소포로
환기구 내부의 먼지를 닦는다.

4

먼지필터는 주방세제를 푼 물에
담가둔다.

5

작은솔로 씻은 후 물기를 없앤다.

6

필터를 완전히 건조시킨 후
다시 조립한다.

샤워부스

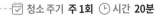

" 물때와 얼룩이 정말 잘 생길 수밖에 없는 샤워부스!
자주 청소한다면 주방세제만으로도 오염이 쉽게 제거되고
사용 후 물기만 잘 닦아도 깔끔하게 유지할 수 있어요.
어느 정도 물때가 쌓인 상태라면 다음의 방법으로 청소하세요.

도구

 대야

 제로 스크래치 수세미

 마른행주(또는 스퀴지)

재료

- 화이트식초
- 주방세제

1

대야에 화이트식초와 주방세제를
1:1 비율로 섞는다.
★ 식초의 향이 독하게 느껴질 수
있으니 환기는 필수이다.

2

제로 스크래치 수세미에 ①을
묻혀가며 샤워부스를 닦는다.

3

물로 헹군다.

4

마른행주(또는 스퀴지)로
물기를 없앤다.

알아두면 좋은 욕실 청소 tip

1. 한 번에 청소하면 효율 UP

한 번에 묶어서 청소를 진행하면 훨씬 더 효율적인 것들을 소개한다.

☐ **욕실 벽과 천장 + 환풍기 + 욕실 바닥**
위에서 아래로 청소하는 것은 청소의 기본! 욕실 벽과 천장, 환풍기를 청소하고,
바닥으로 떨어진 지저분한 것들을 청소하며 정리한다.

☐ **변기 수조 + 변기**
변기 수조를 과탄산소다로 불리고 청소한 후 그 물을 내려 변기를 한 번 더 청소한다.
마지막으로 물을 내리면 한 번에 두 가지 청소를 끝낼 수 있다.

☐ **욕조 + 욕조 주변 벽과 바닥**
욕조를 사용하다 보면 주변 벽과 바닥에도 비누나 오염이 튈 수 있다.
사용한 욕조를 간단히 청소하는 김에 욕조 주변 벽과 바닥까지 한 번에 청소하자.

☐ **세면대 + 세면대 선반 + 거울 + 세면대 배수구**
세면대를 청소하면서 세면대의 선반, 거울까지 한 번에 청소하는 것을 추천!
마지막으로 청소한 물을 흘려보내며 세면대 배수구 청소까지 완료한다.

2. 욕실 청소의 핵심은 건조!

청소가 끝난 욕실은 환풍기를
돌리고 서큘레이터나 미니 선풍기를
틀어 빠르게 건조시키면 물때와
곰팡이가 생기는 것을 막을 수 있다.

3. 보관은 공중부양으로

욕실에서 사용하는 목욕용품(대야, 바가지, 목욕의자), 아이들이 목욕할 때
가지고 노는 장난감, 샴푸, 린스 등은 가능한 모두 공중부양으로 보관하자.
바닥에 닿는 면에 많이 생기는 물때를 방지할 수 있고, 사용 후 물기도
더 빠르게 없앨 수 있다.

☐ 선반에 걸 수 있는
    바구니를 활용하기

☐ 용기의 경우 바닥과 닿는
    면에 유리 미끄럼방지스티커
    부착하기

☐ 비누에는 페트병 뚜껑을
    꽂아 두기

☐ 각종 도구는 압축봉에
    고리를 달아서 걸어두기

☐ 청소솔은 부착식 홀더에
    걸어두기

☐ 스퀴지는 변기에 흡착고리를
    붙인 후 걸어두기

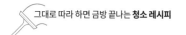

주기에 맞춰 자주 청소해야 하는 곳

❝ 거실과 현관은 다른 공간에 비해 큼직한 청소가 많은 편.
미루다 보면 대청소가 되어버리기 때문에 청소 주기에 맞춰
잊지 않고 챙기는 것이 무엇보다 중요하다. 거실의 경우 가족이 모여
많은 시간을 보내는 곳인 만큼 최소한의 물건만 둬 바로 정리하고
청소하는 것이 좋다.

check-list

 거실
- 천장과 벽
- 바닥
- 걸레
- 가구 위 먼지
- TV 액정
- 소파(패브릭)
- 커튼
- 블라인드
- 전등
- 창문(212쪽)
- 창틀(214쪽)
- 방충망(216쪽)
- 멀티탭(186쪽)

 현관
- 현관 바닥
- 신발장

천장과 벽

❝ 천장과 벽에도 생각보다 많은 먼지가 있다는 걸 닦아보면 알 수 있어요. 청소는 늘 위에서 아래 방향으로 진행해야 하는 만큼 천장부터 시작해 벽으로 내려오세요. 마른걸레 또는 청소포를 끼운 긴 밀대나 먼지떨이로 천장의 벽지와 전등 그리고 실링팬의 먼지를 제거한 후 벽까지 닦아주세요. 그리고 떨어진 먼지를 바닥 청소(150쪽) 시 닦아내면 됩니다.

도구

먼지떨이(긴 것)

밀대(긴 것)

마른걸레

물티슈

재료

- 바이오크린콜
- 주방세제

1 긴 먼지떨이를 준비한 후
천장, 조명, 실링팬의 먼지를 털어낸다.

2 모서리, 틈새 등의 먼지도
구석구석 털어낸다.

3 긴 밀대에 마른걸레를 꽂은 후
바이오크린콜을 뿌린다.
벽과 천장을 전체적으로 닦는다.

4 벽지에 오염된 곳이 있다면 물티슈에
주방세제를 묻힌 후 문지른다.

5 깨끗한 물티슈로 한 번 더 닦는다.

바닥

청소 주기 **매일** 시간 **20분**

밤사이 바닥에 가라앉은 먼지를 아침에 물걸레
청소포로 닦아내며 하루를 시작하도록 해요. 무선청소기나
로봇청소기를 돌려 먼지를 제거하고, 물걸레 청소까지 하면
더 깔끔하고 보송한 바닥을 유지할 수 있답니다.

도구

물걸레 청소포   밀대(긴 것)

청소기   물걸레 로봇청소기

 두룸's tip

물걸레 로봇청소기에
플로어 클리너(16쪽)를 함께 사용하면
바닥을 더 깨끗하게 닦을 수 있으며
광택도 낼 수 있다.

150

1 물걸레 청소포를 긴 밀대에 끼운 후 밤사이 가라앉은 먼지를 제거한다.

2 청소기로 먼지를 한 번 더 제거한다.

3 로봇청소기나 물걸레 로봇청소기로 바닥을 닦는다.

걸레

📅 청소 주기 **사용 시마다**
🕐 시간 **35분(+ 세탁시간)**

❝ 잘못 관리하면 금방 세균의 온상이 되고, 쉰내가 나서 골칫거리인 걸레. 세척부터 살균까지 한 번에 해결할 수 있는 손쉬우면서 효과적인 관리 방법을 알려드려요.

도구

실리콘솔

양동이

재료

- 과탄산소다 1스푼
- 세탁세제

✧✦ **두룸's tip**

1 과탄산소다를 사용할 때는 꼭 고무장갑을 착용하고, 환기를 시킨다.

2 실리콘솔로 걸레를 세척하면 섬유에 깊숙이 끼여 손으로 떼어내기 힘든 먼지와 머리카락도 효과적으로 제거할 수 있다. 또한 일반적인 솔에 비해 관리도 손쉬워 위생적이다.

1

걸레에 묻은 머리카락이나 이물질을
실리콘솔로 제거한다.

2

양동이에 사용한 걸레,
과탄산소다 1스푼, 잠길 만큼의
물을 넣고 30분간 둔다.

3

②를 그대로 세탁기에 넣는다.
소량의 세탁세제를 넣고
급속 코스(온도 40℃)로 세탁한다.

4

완전히 건조한다.

가구 위 먼지 ------------------------------ 📅 청소 주기 **분기별 1회** 🕐 시간 **15분**

❝ 가벼운 오염보다 묵은 때 제거에 시간과 공이 많이 드는
것처럼 먼지도 마찬가지입니다. 자주 청소하면 먼지떨이만으로도
제거되지만, 오래되어 쌓이고 쌓인 먼지는 끈적하게 뭉쳐서
더 많은 에너지가 들지요. 손이 닿지 않는 높은 가구 위 먼지는
분기마다 제거하고, 청소 후에는 신문지를 깔아 두세요.
추후 먼지 쌓인 신문지만 걷어내면 되기에 청소가 훨씬
수월하답니다.

도구

 먼지떨이   분무기

 마른걸레   신문지

재료

- 물 1과 1/4컵(250㎖)
- 주방세제 1방울

1

먼지떨이로 가구 위의 먼지를 털어낸다.

2

뭉치거나 끈적한 먼지가 있다면
분무기에 물, 주방세제를 담은 후
마른걸레에 뿌려가며 닦는다.

3

먼지 제거 후 가구 상단의 크기에
맞춰 신문지를 깔아둔다.

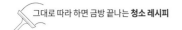
TV 액정 ------------------------------ 📅 청소 주기 **수시로** 🕐 시간 **10분**

❝ TV 액정을 보면 그 집에 아이가 있는지 없는지 알 수
있지요. 바로 손자국! 아이들이 만진 덕분에 손자국이
가득하거든요. 손자국은 잘못 닦게 되면 액정이 손상되고
얼룩이 남을 수 있으니 꼭 다음의 방법을 활용하세요.

 도구

극세사 행주

 재료
• 쌀뜨물

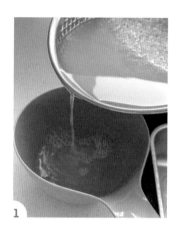

1

쌀을 씻어 쌀뜨물을 준비한다.
이때, 첫 번째 물은 먼지가 많으므로
두, 세 번째 씻은 쌀뜨물이 좋다.
★ 쌀뜨물에 들어 있는 전분 성분이
먼지와 기름을 흡착해
청소에 활용하기 좋다.

2

극세사 행주의 한쪽에 쌀뜨물을
살짝 적신 후 액정을 닦는다.

3

극세사 행주의 마른 쪽으로
한 번 더 닦는다.

소파(패브릭) ----------------------------------- 📅 청소 주기 **주 1회** 🕐 시간 **15분**

❝ 포근한 느낌이 좋은 패브릭 소파. 먼지를 자주 제거하고,
정기적으로 케어 서비스를 이용하면 오랜 시간 좋은
컨디션으로 사용할 수 있어요. 얼룩이나 오염이 생겼다면
바로 제거하는 것이 키포인트!

도구

청소기 　　　 분무기

마른행주

재료

• 탈취제

✧ 두룸's tip -----------------

1 가죽소파(주 1회 관리)
장갑형 먼지 청소포(140쪽)나
극세사 행주로 먼지를 제거한다.
소파 틈새의 먼지를 청소기로
꼼꼼하게 제거한 후
가죽소파 전용 클리너로 닦는다.

2 인조 가죽소파(주 1회 관리)
물이 닿아도 되므로 물기를
꼭 짠 걸레로 닦은 후 마른걸레로
마무리한다.

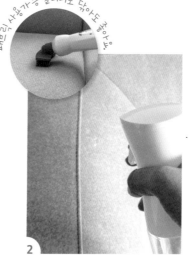

패브릭 사용가능 클리너로 닦아도 좋아요.

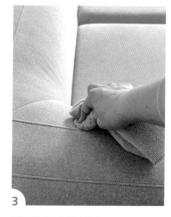

1

청소기로 먼지를 제거한다.
★ 소파의 틈새까지 꼼꼼하게
청소해야 집먼지나 진드기가 생기는
것을 막을 수 있다.

2

얼룩이나 오염 부위가 있다면
분무기로 물을 뿌린다.
★ 오염이 심한 경우 패브릭 사용가능
클리너를 소량 사용해 없애도 좋다.
닥터베크만 제품을 사용 중이다.

3

마른행주로 오염부위가
지워질 때까지 문지른다.

4

마른행주의 물기가 없는 쪽으로
다시 소파의 물기를 없앤다.

5

살균, 소독 기능이 있는 탈취제를
전체적으로 뿌린 후 건조한다.

커튼

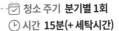

> 커튼은 창문과 맞닿아있어서 들어오고 나가는 먼지들이
> 많이 붙어요. 게다가 아이들의 숨바꼭질 단골 장소이다 보니
> 오염이 쉽게 되죠. 하지만 길이가 길고 부피도 큰 데다가
> 고리를 뺐다가 걸어야 하는 부담 때문에 세탁이 망설여지곤
> 하지요. 고리를 제거하지 않고도 세탁이 가능한 커튼을
> 선택해서 사용하면 훨씬 수월합니다.

청소 주기 **분기별 1회**
시간 **15분(+ 세탁시간)**

도구

세탁망

재료

• 세탁세제

✧✧ 두룸's tip

평소 커튼 관리방법도 중요하다

1 먼지떨이로 커튼의 먼지를 털어내거나,
  핸디청소기로 먼지를 없앤다.

2 살균, 소독 기능이 있는 탈취제를
  뿌린 후 건조한다.

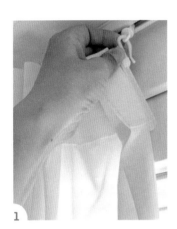

커튼 고리는 그대로 두세요!

1 레일에서 커튼을 분리한다.

2 커튼 고리는 제거하지 않고 그대로 고리 부분을 아래로 두 번 만다.

3 커튼을 가로로 지그재그 모양으로 접는다.

4 다시 반대 방향으로 지그재그로 접는다.

5 세탁망에 넣고 세탁기에 세탁세제와 함께 넣은 후 울코스로 세탁한다.

6 레일에 걸어서 건조한다.
★ 걸어서 선풍기를 틀어두면 더 빨리 말릴 수 있다.

블라인드

❝ 가정에서 많이 사용하는 알루미늄이나 나무 소재의
블라인드는 물이 닿으면 녹이 슬거나 손상될 수 있어
가볍게 먼지를 제거하는 방법으로 청소해야 합니다.
롤스크린의 경우도 물청소를 하기보다는 전체적으로
먼지를 없앤 후 오염 부위만 닦으세요.

도구

먼지떨이

장갑형
먼지 청소포(140쪽,
또는 목장갑)

청소기

1

먼지떨이로 블라인드 방향에 맞춰
먼지를 쓸어내며 제거한다.

2

폭이 좁은 블라인드라면 한쪽면 청소를
끝내고 블라인드를 반대쪽으로 돌려서
다시 한 번 전체적으로 먼지를 제거한다.

3

폭이 넓은 블라인드라면 블라인드
사이를 벌린 후 장갑형 먼지 청소포
(또는 목장갑)를 착용해 틈새 먼지를
제거한다. 먼지떨이로 상단부의 먼지도
쓸어낸다.

4

청소 후 바닥에 떨어진 먼지를
청소기로 제거한다.

전등

❝ 전등은 형태에 따라 청소법에 차이는 조금씩 있지만,
먼지떨이로 자주 먼지를 제거하고 추가적인 오염이 있거나
물 세척이 가능한 부분은 다음의 방법처럼 관리하면 돼요.
생각보다 먼지가 많이 생기는 곳이므로 주기별로 꼭
청소하도록 하세요.

도구

먼지떨이(긴 것)　　수세미

재료

- 온수
- 주방세제

1

소등 후 전등커버의 먼지를
먼지떨이로 털어낸다.

2

물세척이 가능한 커버라면 분리한다.

3

커버 내부의 벌레나 이물질을
물로 씻는다.

4

온수에 주방세제를 풀어준 후
수세미에 묻혀가며 닦는다.

5

물로 깨끗이 헹군다.

6

완전히 말린 후 커버를 씌운다.

현관 바닥

> 집에서 나갈 때나 들어올 때 항상 마주하는 공간이자
> 집의 얼굴인 현관. 매일 아침 빗자루로 간단히 쓸어주며
> 먼지를 제거하고 일주일에 한 번은 꼼꼼하게 청소해요.
> 신발은 가능한 모두 넣어서 수납하고 당일 신는 것만
> 꺼내둬야 깔끔해요.

도구

 분무기   빗자루

 쓰레받기   밀대(긴 것)   물걸레 청소포

재료

- 베이킹소다 1컵
- 물

 두룸's tip

현관에서 필요한 구둣주걱도
공중부양으로 걸어두면 관리가
더 수월하다.

1

현관에 나와있는 신발을 모두 치운다.

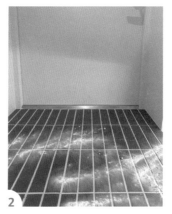

2

바닥에 베이킹소다 1컵을
골고루 뿌린다.

3

분무기에 물을 담고 위에서 물을 뿌려
먼지가 바닥으로 가라 앉게 한다.

4

빗자루와 쓰레받기로 베이킹소다와
먼지를 쓸면서 뭉쳐가며 쓸어담는다.

5

긴 밀대에 물걸레 청소포를 끼운 후
닦아 마무리한다.

신발장

신발은 계절별로 정리를 하면서 불필요한 것은 비워내고
그 계절에 신을 신발을 좀 더 꺼내기 편한 위치로 이동시켜요.
일 년에 최소 두 번은 신발을 모두 꺼내고 신발장 내부까지
깨끗하게 청소하는 것을 추천해요.

도구

 먼지떨이

 마른행주

 밀대(긴 것)

걸레

재료

• 바이오크린콜

◇✧ **두룸's tip**

신발장은 집안 환기를 할 때
한 번씩 같이 열어두면 좋다.

1 신발을 모두 꺼낸다.

2 먼지떨이로 먼지를 제거한다.

3 행주에 물을 적셔 꼭 짠 후
전체적으로 닦는다.

4 신발장 문과 경첩 등은
바이오크린콜을 뿌려가며
물기 없는 마른행주로 닦는다.

5 손이 닿지 않는 신발장 문은
물을 적셔 꼭 짠 걸레를
긴 밀대에 꽂아 닦는다.

6 물기가 완전히 마르면 신발을 정리한다.

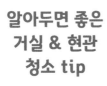

알아두면 좋은
거실 & 현관
청소 tip

한 번에 청소하면 효율 UP

한 번에 묶어서 청소를 진행하면 훨씬 더 효율적인 것들을 소개한다.

☐ **천장과 벽 + 거실 바닥**
천장과 벽에 있는 먼지를 주기적으로 제거해야 쾌적한 실내 공기를
유지할 수 있다. 천장과 벽에 붙은 먼지를 제거한 후 바닥에 떨어진 먼지까지
한 번에 청소하자.

☐ **가구 위 먼지 + 소파 + 거실 바닥**
가구와 소파 위의 먼지를 제거한 후 바닥에 떨어진 먼지와 오염을 청소한다.

☐ **신발 정리 + 신발장 + 현관 바닥**
현관에 어질러진 신발만 정리해도 깨끗해 보인다. 신발을 정리하며 신발장을 함께
청소하고, 마지막으로 현관 바닥으로 떨어진 먼지를 제거한다.

☐ **환기 + 가능한 서랍이나 문 다 열기**
집안 구석구석 방문, 창문은 물론 옷장과 신발장, 서랍까지 모두 열어 환기를 해보자.
통풍이 되면서 습기가 차지않아 곰팡이 예방효과까지 기대할 수 있다.

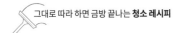

침실 &
아이방

가족들이 오래 머무르는 공간인 만큼 중요한 관리

❝ 가족들이 긴 시간 잠을 자고, 편하게 쉬는 공간인 침실.
그중에서도 침대의 매트리스는 우리의 피부와 오랜 시간 닿기 때문에
특히나 위생 관리가 중요하다. 아이방은 다른 물건이나 가구가 많은
공간이기 때문에 관리법을 미리 숙지해두는 것이 좋다.

check-list

 침실
- 침대
- 천장과 벽(148쪽)
- 바닥(150쪽)
- 전등(164쪽)
- 멀티탭(186쪽)
- 창문(212쪽)
- 창틀(214쪽)
- 방충망(216쪽)

 아이방
- 가구 낙서와 스티커 제거
- 책상
- 책장 & 책
- 장난감
  (플라스틱 장난감 /
  물놀이용 장난감 /
  물세척이 되지 않는 장난감)
- 인형
- 멀티탭
- 가구 위 먼지(154쪽)

침대

> 매트리스 진드기는 60% 이상의 습도에서 가장 잘
> 번식한다고 해요. 한쪽으로만 계속 사용하게 되면
> 통풍이 원활하게 되지 않고 습해져 진드기가 생기기 쉽지요.
> 따라서 청소기로 자주 먼지 제거를 하고 한 번씩
> 매트리스 뒤집기를 하면서 관리해요. 침구도 매주
> 교체하고, 침대 아래도 깨끗하게 관리하세요.

청소 주기
주 1회 침구, 침대 바닥
월 1회 매트리스
⏱ 시간 20분(+ 불리기 30분)

도구
　　　라텍스장갑　　핸디청소기
　　(또는 고무장갑)

재료
• 베이킹소다

◇✧ **두룸's tip**

1 매트리스의 오염이 심하다면
　전문 업체의 도움을 받아도 좋다.

2 매트리스에 방수커버를 씌워두면
　땀이나 습기에 오염되는 걸
　방지할 수 있다.

3 청소기에 따라 다량의 베이킹소다를
　한 번에 빨아들일 경우 고장의 원인이
　될 수 있으므로 주의한다.

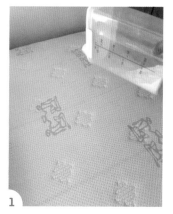

1

매트리스의 커버를 모두 벗긴 후
베이킹소다를 골고루 뿌린다.

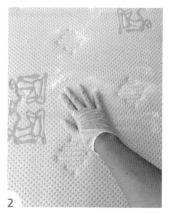

2

라텍스장갑(또는 고무장갑)을 낀 후
문지르며 베이킹소다를 고루 펼친다.

3

그대로 30분간 둔다.

4

핸디청소기로 매트리스 전체의
베이킹소다를 빨아들인다.

[침구]

매주 월요일마다 교체한다.

[침대 바닥]

침대 아래는 먼지, 습기가 쌓이기
쉽다. 따라서 물건을 두지 않도록 해
로봇청소기로 쉽게, 자주 청소하자.

가구 낙서와 스티커 제거 ---------- 📅 청소 주기 **수시로** ⏰ 시간 **10분**

❝ 아이방의 가구에는 낙서와 스티커가 늘 가득하지요.
이젠 스트레스받지 말고 보일 때마다 청소하세요.
주방 싱크대 문의 얼룩이나 하얀 가구의 얼룩 등에도
폭넓게 활용할 수 있는 방법이에요.

도구

분무기   소형 스크래퍼

매직블럭   마른행주
(또는 제로 스크래치
수세미)

재료

- 물 1과 1/4컵(250㎖)
- 주방세제 1방울

◇✧ **두룸's tip** ----------

1 가구의 종류에 따라 수세미로 인해
   손상이 갈 수 있다. 가구의
   한쪽 위치에 먼저 테스트를 한 후
   청소할 것을 추천한다.

2 소형 스크래퍼는 끝이 납작하고
   평평해서 스티커를 긁어 없애기에
   제격이다. 무인양품의
   소형 스크래퍼를 사용 중이다.

1

분무기에 물, 주방세제를 넣고
가구의 오염된 부분이나
스티커에 뿌려 잠깐 불린다.

2

스크래퍼를 사용해 스티커를 긁어낸다.

3

가구 낙서는 매직블럭에 주방세제를
희석한 ①의 물에 적신 후 닦는다.

4

마른행주로 한 번 더 닦는다.

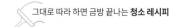

책상

청소 주기 **주 1회** 시간 **10분**

먼지와 얼룩으로 가득한 아이 책상. 주 1회는 보호자가
깨끗하게 청소하더라도 매일 공부한 후에 아이가 혼자
청소할 수 있도록 작은 쓰레기통, 지우개 청소기 정도는
구비해 주는 것이 좋아요. 완벽하진 않더라도
스스로 청소했다는 성취감을 느낄 수 있도록 말이지요.

도구

 먼지떨이   제로 스크래치 수세미

 마른걸레

재료

- 주방세제
- 바이오크린콜

✧✧ 두룸's tip

아이 취향에 맞는 탁상용 쓰레기통과
지우개 청소기를 준비해 스스로 청소할 수
있도록 하자.

1

먼지떨이로 먼지를 제거한다.

2

제로 스크래치 수세미에 물을 적신 후
꼭 짠다. 주방세제 소량을 묻혀
오염된 부분을 닦는다.

3

마른걸레로 한 번 더 닦는다.

4

바이오크린콜을 뿌려가며
마른걸레로 닦는다.

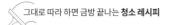

책장 & 책

❝ 책장과 책은 함께 청소하는 것이 좋아요. 생각보다
책에 쌓이는 먼지가 많거든요. 그대로 둘 경우 먼지로 인해
비염을 유발하게 되고, 책벌레까지 생길 수 있답니다.
그리고 더 이상 읽지 않는 책은 바로바로 정리하는 것이
제일 중요해요. 비움이 청소의 시작이지요.

도구

핸디청소기 마른행주

재료

• 바이오크린콜

✧◇ **두룸's tip**

과정 ③~⑤번은 중고책 구입 시
사용해도 좋은 방법이다.

1

읽지 않는 책을 먼저 비운다.
핸디청소기로 책장 앞쪽의 먼지를
제거한다.

2

책을 몇 권씩 꺼내 상단에 쌓인 먼지도
핸디청소기로 제거한다.

3

책을 한 권씩 꺼내
표지에 바이오크린콜을 뿌린다.

4

마른행주로 닦으며 북샤워를 진행한다.

5

바람이 통하는 곳에 책을 벌려서 세워
환기를 시킨 후 다시 정리한다.

장난감(플라스틱 장난감 / 물놀이용 장난감 / 물세척이 되지 않는 장난감)

" 아이를 키우는 집이라면 장난감 관리도 만만치 않지요.
아이가 어리다면 장난감을 입에 넣기도 하므로 더욱 위생적인 관리가 필요한 것이
장난감이에요. 종류마다 다른 장난감 관리법을 소개합니다.

[플라스틱 장난감]

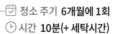 청소 주기 **6개월에 1회**
시간 **10분(+ 세탁시간)**

도구

세탁망   수건 3~4장

재료

• 화이트식초 2스푼

1
블록은 하나씩 분리한 후
세탁망에 담는다.

2
세탁기에 화이트식초, 수건을 함께 넣고
스피드워시(30℃ 이하) - 탈수(섬세)로
15분 정도 돌린다.
★ 수건을 넣지 않으면 소음이 심하므로
꼭 함께 넣는다.

3
세탁망에서 장난감을 꺼낸다.

4
펼쳐 물기를 없앤다.

✧✦ **두룸's tip**

플라스틱 장난감이다 보니 스크래치나
찍힘이 생길 수 있고, 약한 것은 부서질 수
있으므로 감안해서 진행한다.

물때나 오염이 심할 경우 과탄산소다를 희석한 물에 1시간 정도 담가두었다가
세척한 후 다시 구연산수(22쪽)에 담가둔다. 마지막으로 한 번 더 헹군다.
★ 물로만 세척해도 무관하나 남아 있을지 모를 알칼리 성분을 없애기 위해
구연산수에 담가두는 것이 좋다.

[물놀이용 장난감] ─────────────────

📅 청소 주기 **주 1회**
🕐 시간 **10분(+ 불리기 20분)**

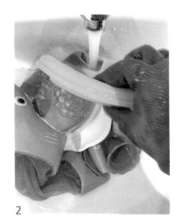

도구
세척솔

재료
• 구연산

1
세면대(또는 대야)에 장난감,
잠길 만큼의 물을 붓고 구연산을 뿌려
20분간 둔다.

2
세척솔로 씻은 후 헹궈 건조한다.

[물세척이 되지 않는 장난감] ───────────

📅 청소 주기 **주 1회** 🕐 시간 **5분**

도구
마른행주

재료
• 바이오크린콜

1
마른행주에 바이오크린콜을 뿌린다.

2
장난감을 고루 닦는다.

인형

 청소 주기 **주 1회**
시간 **10분(+ 세탁시간)**

재료

• 바이오크린콜

" 인형은 침대에 두거나 안고 있는 경우가 많아
피부와 닿기 쉽지요. 따라서 자주 세탁해서 관리해야 합니다.
패브릭 소재라 모두 물세탁이 가능할 것 같지만
의외로 세탁이 불가하다고 표기된 제품들도 많으니
확인 후 맞는 방법에 따라 관리하세요.

1

바이오크린콜을 뿌린다.

2

그대로 건조한다.

3

또는 스타일러에서 인형살균 코스로
관리한다.

[세탁이 가능한 인형]

세탁이 가능한 인형은 정기적으로
세탁기 울코스 + 건조기를 사용해서
세탁한다.

멀티탭

📆 청소 주기 **수시로** 🕐 시간 **10분**

❝ 먼지 낀 멀티탭을 그대로 방치하거나 사용하면
화재가 발생할 수도 있어요. 수시로 청소해서
안전에 유의하도록 하고, 덮개가 있는 멀티탭이나
멀티탭 보관함에 넣어두고 사용하는 방법도 추천합니다.

도구

핸디청소기   손소독 티슈

면봉

1

멀티탭의 코드를 뽑고
잠시 두었다가 핸디청소기로
큰 먼지를 제거한다.

2

손소독 티슈로 전체적으로 한 번 닦는다.
★ 손소독 티슈의 알코올 성분은 오염을
효과적으로 제거하는 데 도움을 준다.

3

면봉으로 틈새를 꼼꼼하게 닦는다.

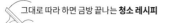

드레스룸
& 이불장
& 화장대

먼지 제거와 청소가 쉬워지는 관리법

❝ 드레스룸과 이불장은 옷과 이불 때문에 먼지가 많이 생기기
쉬운 곳이므로 먼지와 습기 제거에 유의하며 청소하는 것이 중요하다.
자잘한 물건이 많은 화장대는 청소를 쉽게 하기 위한
사전 관리법을 알아두는 것이 핵심!

check-list

 드레스룸
- 드레스룸
- 스타일러
- 창문(212쪽)
- 창틀(214쪽)
- 방충망(216쪽)

 이불장
- 이불장

☑ **화장대**
- 화장대

드레스룸

📅 청소 주기 **분기별 1회**   🕐 시간 **30분**

❝ 드레스룸은 다량의 옷이 한곳에 모여 있다 보니 먼지가
많이 쌓일 수밖에 없어요. 이 먼지가 곰팡이의 먹이가 될 수 있다는
사실을 알고부터는 수시로 먼지를 제거하며 관리하고 있습니다.
평소에도 제습제를 곳곳에 넣어두고, 특히 장마 시즌에는
습도 관리에 각별히 신경 쓰며 관리해요.

도구

청소기

먼지떨이

밀대(긴 것)

마른걸레

재료

- 바이오크린콜
- 제습제

 두룸's tip

드레스룸에 스타일러가 있다면
스타일러의 제습 기능을 활용해보자. 문을
연 상태에서 제습코스를 눌러주면 된다.

1 드레스룸의 옷을 모두 비운다.

2 청소기와 먼지떨이로 전체적으로 먼지를 제거한다.

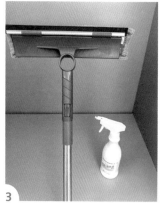

3 긴 밀대에 마른걸레를 끼운 후 바이오크린콜을 묻힌다.

4 드레스룸 구석구석을 닦는다.

5 옷을 다시 걸어 정리한다.
★ 옷을 조금 여유 있게 걸어야 공간이 생겨 통풍이 잘 된다.

6 제습제를 넣는다.
★ 종종 문을 열고 제습기를 돌려 습도 관리에 신경 쓴다.

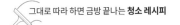
스타일러

> 옷의 먼지를 터는 기능이 있다 보니 자주 닦아도 금세 먼지가 쌓이는 스타일러. 청소할 때마다 놀라곤 한답니다. 스타일러의 사용이 끝난 옷은 바로 꺼내고 문을 열어 환기를 해주는 것이 좋아요. 사용 후 물기가 맺혀있다면 바로 닦아서 제거하세요.

 청소 주기 **주 1회** 시간 **20분**

도구

핸디청소기 마른행주

재료

• 바이오크린콜

 **두룸's tip**

내부 청소가 끝난 후 위생살균 메뉴의 표준 코스를 한 번 작동한다.

1 스타일러 속의 옷걸이를 다 꺼낸다.

2 향기 필터를 비우고, 물통 및 보푸라기 필터 등 물세척이 가능한 부품들을 분리한다.

3 흐르는 물에 씻은 후 물기를 완전히 없앤다.

4 핸디청소기로 내부 먼지를 제거한다.

5 바이오크린콜을 뿌린 후 마른행주로 내부, 외부를 닦는다.

6 바닥트레이를 분리한 후 바이오크린콜을 뿌려가며 마른행주로 닦는다. 분리한 부품들을 조립한다. 스타일러의 문을 열어 환기시킨다.

이불장

청소 주기 **3월, 5월 11월에 각 1회**

시간 **30분**

이불장은 큰 맘먹고 정리하는 날이 아닌 이상
청소를 잘 하지 않게 되는 곳이죠. 문을 닫아두니
먼지가 없을 것 같지만 문을 여닫고 이불을 꺼내고 넣는
과정에서 먼지가 많이 쌓인답니다.

도구

핸디청소기　　먼지떨이

밀대(긴 것)　　마른걸레

재료

- 바이오크린콜
- 제습제

✧ **두룸's tip**

이불 정리에도 방법이 있다. 이불 중에서
패드류는 이불 옷걸이에, 부피가 큰
이불은 이불전용 파우치에 담아 정리하면
훨씬 깔끔하고, 꺼내기도 쉽다.
이불전용 파우치는 롤앤스택 제품을
사용 중이다.

1

이불을 모두 꺼낸다.

2

핸디청소기와 먼지떨이로
먼지를 없앤다.

3

긴 밀대에 마른걸레를 끼운 후
바이오크린콜을 뿌려가며 닦는다.

4

이불장 문도 구석구석 닦는다.

5

이불을 다시 넣는다.

6

제습제를 넣는다.
★ 종종 문을 열고 제습기를 돌려
습도 관리에 신경 쓴다.

화장대

❝ 화장대는 주기적으로 먼지와 얼룩만 잘 제거해도
깔끔하게 유지할 수 있어요. 수납공간이 부족해 화장품이나
소품을 밖으로 내어놓아야 할 경우나 서랍 속을 정리할 때
수납케이스에 담아 두면 청소를 더 쉽게 시작할 수 있지요.
오랜 기간 사용하지 않은 제품은 주기적으로 비워주세요.

도구

먼지떨이　　　마른행주

핸디청소기

재료

- 바이오크린콜

 **두룸's tip**

작은 크기의 휴지통을 준비해두면
바로 쓰레기를 정리할 수 있다.

1 화장대 위의 물건을 모두 치운 후
먼지떨이로 먼지를 없앤다.

2 바이오크린콜을 뿌린다.
★ 바이오크린콜을 뿌리면
끈적임도 없앨 수 있다.

3 마른행주로 닦는다.

4 서랍속 물건을 모두 꺼내
핸디청소기로 먼지를 없앤다.

5 화장대 위에 올리는 물건은
수납케이스에 담아둔다.
★ 뚜껑이 있는 제품을 활용하면
먼지가 쌓이는 것도 막을 수 있다.

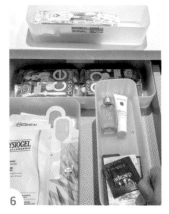

6 화장대 서랍 속의 물건도 수납케이스나
트레이를 이용해 정리한다.

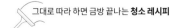

세탁실
& 창문

청소가 막막하지만 놓치면 안 되는 곳

❝ 세탁실과 창문은 은근 곰팡이가 생기기 쉽고, 먼지도 많이
달라붙기 때문에 청소가 필요하지만 시작이 막막한 공간이기도 하다.
방법만 알면 전혀 어려울 것이 없기 때문에 이번 기회에 확실하게
알아두도록 하자.

check-list

 세탁실
- 세탁실
- 세탁실 배수구
- 세탁기
  (통돌이 세탁기 / 드럼 세탁기)
- 건조기
- 건조기 콘덴서

 창문
- 창문
- 창틀
- 방충망

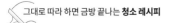
세탁실 ---------------------- 📅 청소 주기 **주 1회** ⏱ 시간 **20분**

> 저희 집 세탁실에는 건조기와 세탁기 그리고 세탁바구니,
> 간이건조대가 있어요. 세탁실에 있는 것들을 잘 관리해야
> 세탁도 용이하고, 더 위생적으로 세탁을 할 수 있답니다.
> 관리가 편한 세탁실 환경을 소개합니다.

✧✧ 두룸's tip ----------------

세제 보관 시 아래에 미끄럼방지시트를
깔아두면 훨씬 관리가 편리하다.

[세탁바구니]

통풍이 잘되는 매쉬 형태가 좋다.
바구니는 2개 정도 둬 속옷과 수건,
외출복으로 분류해 담는다.

[간이건조대]

젖은 수건을 다른 세탁물과 함께
세탁바구니에 담게 되면
세균 번식, 냄새 유발의 염려가 있다.
따라서 간이건조대를 둬 말린 후
세탁한다.

[바닥]

청소기로 수시로 먼지 제거를 하고,
물걸레로 닦는다.

[세제 & 세탁망]

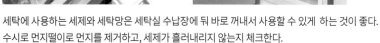

세탁에 사용하는 세제와 세탁망은 세탁실 수납장에 둬 바로 꺼내서 사용할 수 있게 하는 것이 좋다.
수시로 먼지떨이로 먼지를 제거하고, 세제가 흘러내리지 않는지 체크한다.

세탁실 배수구 ---------------------------------- 🗓 청소 주기 **월 1회** 🕐 시간 **20분**

❝ 한 달에 한 번 세탁기 청소를 할 때면 세탁실 배수구도
함께 청소합니다. 세탁기에서 많은 양의 물이 흘러
들어가다 보니 물때와 이물질이 생각보다도 더 쉽고 빠르게
쌓이는 곳이지요. 청소하지 않아 오염이 되면 세탁실 악취의
원인이 될 수 있습니다.

 도구

틈새솔

 재료

• 과탄산소다

1

배수구 표면의 머리카락이나 이물질을
제거한다.

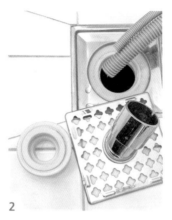

2

배수구 덮개를 열어 내부 부속품을
모두 분리한다.

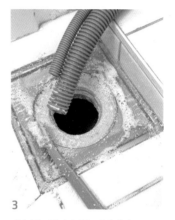

3

배수구는 물기가 있는 상태에서
과탄산소다를 뿌려 틈새솔로 씻는다.

4

분리한 배수구 부속품은
과탄산소다 1스푼을 더한 물에 담가
10분간 둔다.

5

부속품을 세척솔로 깨끗하게 씻은 후
다시 조립한다.

세탁기(통돌이 세탁기 / 드럼 세탁기)

❝ 의외로 관리에 소홀하게 되는 곳이 세탁기예요. 세탁기 내부는 습기가 잘 차고
조금만 신경을 쓰지 않으면 금세 곰팡이가 생겨서 세탁물에서 냄새가 날 수 있기 때문에
최소 한 달에 한 번은 신경 써서 꼼꼼히 관리해요. 세탁기 사용 후에는 꼭 세제통과 문을
활짝 열어 내부가 충분히 건조될 수 있도록 하고 습기가 많은 시즌(5~9월)에는
서큘레이터나 미니 선풍기를 활용하여 내부 건조에 더욱 신경 쓰세요.

★ 공통적인 청소방법을 소개합니다. 자세한 청소법은 구매한 제품 가이드를 참고하세요.

[통돌이 세탁기]

📅 청소 주기 **월 1회**
🕐 시간 **20분(+ 세탁시간)**

도구

 대야   세척솔

 마른걸레

재료

- 온수
- 세탁조 클리너(15쪽)
- 바이오크린콜

◇✧ **두룸's tip**

외부의 찌든 때는 손소독 티슈로 닦으면
깨끗하게 제거할 수 있다.

1 먼지 거름망, 세제통을 분리한다.

2 대야에 온수, 세탁조 클리너 약간을 넣고 먼지 거름망과 세제통을 담가 세척솔로 씻는다.

3 먼지 거름망, 세제통을 다시 조립한다.

4 세탁기 내부에 남은 세탁조 클리너를 모두 붓고 표준 코스(온도 60℃)로 돌린다.

5 세탁조 상단 테두리와 외부의 먼지는 바이오크린콜을 뿌린 후 마른걸레로 닦는다.

빠르게 건조하세요!

6 문을 활짝 열어 건조한다.
이때, 서큘레이터나 미니 선풍기를 넣어두면 더 빠르게 건조된다.

[드럼 세탁기]

🗓 청소 주기 **월 1회**
🕐 시간 **30분(+ 세탁시간)**

도구

마른걸레

틈새솔

재료

- 세탁조 클리너(15쪽)
- 바이오크린콜

1
세제통을 분리한다.

2
세제통은 흐르는 물에서
깨끗하게 씻는다. ★ 필요 시 물에
세탁조 클리너 약간을 넣고
세제통을 담가두었다가 씻어도 좋다.

3
세제통 투입구에 바이오크린콜을
뿌려가며 마른걸레로 닦는다.

4
마른걸레에 세탁조 클리너를
약간 묻힌 후 유리문을 닦는다.

5
틈새솔에 세탁조 클리너를 약간 묻힌 후
고무패킹 사이를 깨끗하게 청소한다.
★ 고무패킹의 오염이 심하면
키친타월을 고무패킹에 끼워 넣고
락스를 희석한 물을 부어 20분간 둔 후
닦아도 좋다.

6

잔수 제거용 호스를 열어
내부의 물기를 없앤다.

7

거름망을 분리하고 내부에 남아 있는
이물질을 작은솔로 깨끗하게 씻는다.

8

거름망을 틈새솔로 깨끗이 씻는다.

9

세척이 끝난 거름망과 세제통,
잔수호스를 모두 제자리에 조립한다.

10

남은 세탁조 클리너를 내부에 붓고
표준 코스(온도 60℃)로 돌린다.
★ 세탁조 클리너마다 권장하는 청소
코스가 다르므로 확인 후 진행한다.

11

문을 활짝 열어 건조한다.
이때, 서큘레이터나 미니 선풍기를
넣어두면 더 빠르게 건조된다.

✧✦ **두룸's tip**

오래 관리를 하지 않은 세탁기라면 전문 업체의 청소서비스를 받아도 좋다.

건조기

❝ 건조기 필터는 기본적으로 사용할 때마다 매번 비우고, 문도 열어서 환기시킵니다. 추가적인 관리가 번거롭게 느껴진다면 이 두 가지라도 꼭 실천하세요. 건조기 관리에 조금만 신경 쓰면 냄새도 예방할 수 있을 뿐 아니라 건조기 효율을 높여 전기세도 절약할 수 있어요.

도구

핸디청소기 　　　 마른걸레

사용한 이염방지시트
(또는 건조기시트)

재료

• 바이오크린콜

✧◇ **두룸's tip**

내부 필터는 사용 후 항상 먼지를 제거하고, 건조기 10회 사용 시마다 물세척을 한다.
외부 필터는 건조기 10회 사용 시마다 먼지 제거와 물세척을 한다.

1

건조기 주변부의 먼지를
핸디청소기(또는 마른걸레)로 제거한다.
★ 필터 투입구에 먼지가 들어가면
건조시간이 늘어나는 원인이 되므로
주변부의 먼지를 먼저 닦은 후
필터를 분리한다.

2

필터를 분리한다.

3

필터의 먼지를 없앤다.
★ 건조기를 돌릴 때 사용한
이염방지시트나 건조기시트로 닦으면
쓰레기를 줄일 수 있다.
★ 필터 투입구에 긴 솔을 넣어
먼지를 없애도 좋다.
(솔 크기 폭 3.5cm 이하, 길이 35cm
이상의 솔 권장)

4

필터를 흐르는 물에 씻는다.
★ 필터의 오염이 심할 경우
세척솔을 사용해서 씻되,
망이 손상되지 않게 주의한다.

5

씻은 필터는 마른걸레로 물기를 닦은 후
완전히 건조한다. 필터를 다시 조립한다.

6

유리문에 바이오크린콜을 뿌린 후
마른걸레로 닦는다.

건조기 콘덴서

청소 주기 **월 1회**
시간 **10분(+ 콘덴서 케어 시간)**

> 건조기의 부품인 콘덴서는 빨랫감에서 나온 습한 공기를 건조한 공기로 바꿔주는 역할을 해요. 이때, 필터에서 걸러지지 않은 작은 먼지가 콘덴서로 들어가 달라붙을 수 있기 때문에 필터와 함께 청소를 해야 합니다. 건조기에는 자동으로 콘덴서를 관리하는 기능이 있지만 직접 추가로 청소하고 싶다면 이 방법에 따라 진행할 수 있어요.

★ 공통적인 청소방법을 소개합니다.
자세한 청소법은 구매한 제품 가이드를 참고하세요.

도구
마른걸레

재료
- 물 5컵(1ℓ)
- 바이오크린콜

✦ **두룸's tip**

건조기 냄새 예방을 위해
한 달에 한 번 주기적으로
통살균을 추가로 진행하면 좋다.

1 건조기 내부를 비우고 문은 닫는다.

2 건조기 전원을 켜고
통살균 버튼을 눌러 진행한다.

1

건조기 내부의 세탁물을 모두 비운다.

2

필터를 분리한다. 필터 투입구에
물 5컵(1ℓ)을 천천히 붓는다.

★ 제품별로 권장하는 물의 양이
다를 수 있으므로 확인한다.

3

세척, 건조한 필터를 제자리에 조립한다.

★ 필터 청소하기 209쪽

4

콘덴서 케어 버튼을 눌러 시작한다.

5

콘덴서 케어가 끝난 후
건조기의 문을 열어 내부를 충분히
환기시킨다.

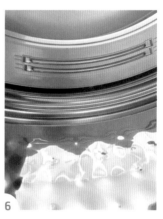

6

내부 센서에 바이오크린콜을 뿌려
마른걸레로 닦는다.

★ 내부 센서가 오염되면
건조시간이 늘어나는 원인이 된다.

창문

❝ 깨끗하게 닦기 쉽지 않은 창문, 그래도 한 번 닦게 되면 우리 집 뷰가
달라 보이는 극적인 효과를 볼 수 있지요. 안쪽은 간단하게 해결 가능하지만,
청소가 쉽지 않은 바깥쪽은 창문 로봇청소기를 사용하면 편리해요.
가격대가 있는 편이라 금액이 부담된다면 대여 서비스를 이용해 볼 수 있습니다.
2일 대여에 3만 원 정도면 걸레까지 모두 키트에 담아서 배송되고 사용 후
그대로 다시 발송하면 되니 편리하더라고요. 청소 횟수가 잦거나 청소할 구역이
많다면 아예 구입하는 것이 더 경제적일 수 있겠지요.

[안쪽 창문] 📅 청소 주기 **주 1회** 🕐 시간 **10분**

1
전체적으로 바이오크린콜을 뿌린다.

2
마른걸레를 긴 막대에 꽂은 후
위에서 아래로 닦는다.

도구

밀대(긴 것)

마른걸레

재료

• 바이오크린콜

[바깥쪽 창문] ──────────────────────────── 📅 청소 주기 **분기별 1회**
🕐 시간 **15분**

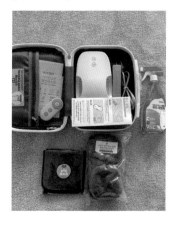 

 도구

창문 로봇청소기

'창문 로봇청소기 대여'를 검색하면
다양한 업체가 나온답니다.
대여 시 함께 동봉된 설명서에 맞춰
청소를 진행하면 됩니다.

213

창틀

> 매번 청소해도 매번 더러운 곳, 바로 창틀입니다.
> 비가 오거나 먼지가 심한 날이면 창틀이 심하게
> 오염된 걸 볼 수 있지요. 쌓아두면 큰맘 먹고 해야 하는
> '큰' 일이 되므로 수시로 청소하도록 하세요.

도구

핸디청소기   양동이

매직블럭   소형 스크래퍼   마른걸레

재료

• 주방세제

✧✧ **두룸's tip**

소형 스크래퍼는 끝이 납작하고 평평해서
틈새의 먼지를 없애기에 제격이다.
무인양품의 소형 스크래퍼를 사용 중이다.

1

창틀이 젖어있지 않은 경우라면
마른 상태에서 핸디청소기로
1차 먼지를 제거한다.

2

양동이에 물, 주방세제를 넣는다.
매직블럭에 적신 후 꼭 짠다.

3

매직블럭을 한쪽 방향으로 밀어가며
창틀을 닦는다.

4

과정 ②~③을 반복하며 청소한다.
양동이에 깨끗한 물을 담은 후
깨끗한 매직블럭에 적신다.
물기를 꼭 짜고 닦는 과정을 반복한다.

5

틈새의 먼지는 소형 스크래퍼로 없앤다.

6

마른걸레로 닦는다. 너무 좁은 창틀은
막대기로 눌러가며 닦아도 좋다.

방충망

> 방충망의 먼지가 덜 날리도록 바람이 불지 않고 습기가
> 가득한 날에 청소를 하도록 하세요. 방충망 청소를 할 때는
> 창틀(214쪽)과 함께 진행하는 것이 좋아요. 방충망 청소솔을
> 사용할 때는 왔다 갔다 하지 말고 한쪽 방향으로 닦아야
> 먼지가 뭉쳐지지 않고 깔끔하게 청소할 수 있답니다.

도구

양동이　　　방충망 청소솔

재료

• 주방세제

✧✧ **두룸's tip**

1 바깥의 먼지가 집안으로 들어오지
   않도록 바람의 방향을 확인한 후
   청소한다. 혹은 선풍기를 켜 둬
   먼지가 밖으로 나가게 한다.

2 방충망 청소솔은 미세 기모 브러시가
   있어 청소 시 먼지 날림이 적고,
   망의 틈새를 비교적 깔끔하게 청소할
   수 있는 제품이다. 또한 손잡이가 길어
   위쪽도 수월하게 청소가 가능하다.
   모나코 올리브 클린풀 투인원 방충망
   청소솔을 사용 중이다.

3 방충망 청소솔 대신 더 이상 사용하지
   않는 수면양말이나 자동차 세차용
   극세사 손걸레를 사용해도 좋다.

1

양동이에 물, 주방세제 1~2방울을
넣는다.

2

방충망 청소솔에 ①을 묻힌다.

3

방충망 청소솔을 한쪽 방향
(위에서 아래로 또는 아래에서
위로)으로 쓸어내리며 닦는다.
★ 한쪽 방향으로 청소해야 먼지가
뭉치지 않고 망 사이에 낀 먼지를
효과적으로 제거할 수 있다.

4

양동이에 깨끗한 물을 담는다.
방충망 청소솔을 담갔다가
다시 한쪽 방향으로 닦는다.

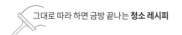

계절가전

잘 사용하고, 잘 보관하기 위한 청소법

❝ 계절가전이 필요한 시기는 바로 여름과 겨울.
그 계절에 잘 사용하는 것만큼 잘 관리하는 것이 중요하다.
수시로 관리하는 방법부터 보관 전 정리하는 법까지 소개한다.

check-list

 계절가구
- 선풍기
- 에어컨
- 제습기
- 가습기

선풍기

> 여름 동안 잘 사용한 선풍기는 꼭 깨끗하게 씻은 후
> 다음 해 여름까지 보관해야 합니다. 먼지가 쌓인 그대로
> 넣어두면 선풍기 고장의 원인이 될 수 있답니다.

청소 주기 **여름내 사용 후 보관 전 1회**
시간 **20분**

도구
욕조(또는 대야)   마른걸레

재료
- 과탄산소다 1/2컵
- 바이오크린콜

✧✧ **두룸's tip**

1 과탄산소다를 사용할 때는 꼭
  고무장갑을 착용하고, 환기를 시킨다.

2 선풍기 바람이 덜 시원하거나
  성능이 저하되었다고 느껴진다면
  내부의 먼지가 원인일 수 있다.
  이런 경우라면 사용 도중에라도
  한 번쯤 세척하는 것을 추천한다.

1

선풍기를 분해한 후 물 세척이 가능한
부품을 욕조(또는 대야)에 담고
잠길 만큼의 뜨거운 물을 붓는다.

2

과탄산소다 1/2컵을 넣는다.

3

부품을 살살 흔들어가며 씻는다.
★ 금속 부분이 부식될 수 있으니
오래 두지 않고 바로 흔들어 씻는다.

4

물로 헹군 후 물기를 최대한 제거하고
완전히 건조한다.

5

물 세척이 되지 않는 부분은
바이오크린콜을 뿌려가며
마른걸레로 닦는다.

6

완전히 건조된 부품을 다시 조립한 후
커버를 씌워서 보관한다.
★ 완전히 건조된 선풍기 날개와 커버에
마른걸레로 린스를 약간씩 바르면
먼지가 쌓이는 것을 어느 정도 막을 수
있다.

에어컨

" 에어컨은 가동하기 전에 한 번, 사용 중에는 2주에 1회
그리고 마지막 가동 후 한 번, 청소가 필요해요.
외부의 먼지는 기본이고 필터에 쌓인 먼지도 없애줘야
합니다. 필요 시 필터를 교체하는 것도 방법이에요. 제조사별
모델별로 관리 방법의 차이가 있을 수 있으니 본인이
사용하는 모델의 청소법은 미리 숙지하는 것이 중요합니다.

📅 청소 주기 **첫 가동 전, 사용 중 2주마다,**
마지막 가동 후 각 1회
🕐 시간 **20분**

도구

장갑형
먼지 청소포(140쪽,
또는 먼지떨이)

핸디청소기

욕조

재료

• 주방세제

✧✧ **두룸's tip**

필터 관리만으로 해결되지 않는 악취나
곰팡이는 전문 업체의 도움을 받아도 좋다.

1

에어컨 외부와 송풍구는
장갑형 먼지 청소포로 먼지를 없앤다.

2

필터를 분리한 다음 핸디청소기로
먼지를 1차로 없앤다.

3

필터의 오염이 심할 경우
물 세척이 가능한 부분만 분리한다.
욕조에 물, 주방세제를 풀고
부품을 넣어 흔들어 씻은 후 헹군다.

4

그늘에서 완전히 건조한다.

5

필터를 다시 조립한다.
★ 덜 말린 필터를 그대로 사용하면
곰팡이가 생길 수 있으므로
완전히 건조한 다음 조립한다.

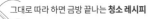

제습기 ------------------------------- 🗓 청소 주기 **수시로** ⏱ 시간 **10분**

> ❝ 그동안 제습기의 물통만 부지런히 비웠나요?
> 물통은 기본이고, 제습기 내부의 습기와 함께
> 쌓인 먼지도 제거해야 합니다. 필터 역시 함께 관리해야
> 쾌적하게 사용할 수 있어요.

도구

핸디청소기   수세미

재료

- 과탄산소다 1스푼

1 물통을 분리한다.

2 뒤쪽 먼지필터를 분리한다.

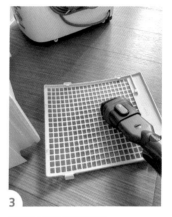

3 핸디청소기로 먼지필터의
먼지를 제거한다.

4 물통에 과탄산소다 1스푼과
물을 넣고 잠시 불려 둔다.

5 수세미로 깨끗하게 씻는다.
완전히 건조한 다음 조립한다.

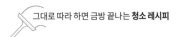

가습기

> 건조한 계절이 시작되면 어김없이 찾게 되는 가습기는
> 선택도, 관리도 쉽지 않은 가전 중에 하나인 것 같아요.
> 사용만큼이나 청결한 관리가 필요한 가습기. 가능하면
> 세척이 편리한 제품을 선택하여 자주 청소하며 위생적으로
> 사용할 것을 추천해요.

📅 청소 주기 **주 1회**
🕐 시간 **10분(+ 가습기 작동시간)**

도구
그릇

재료

- 온수(85℃ 정도)
- 구연산 2스푼

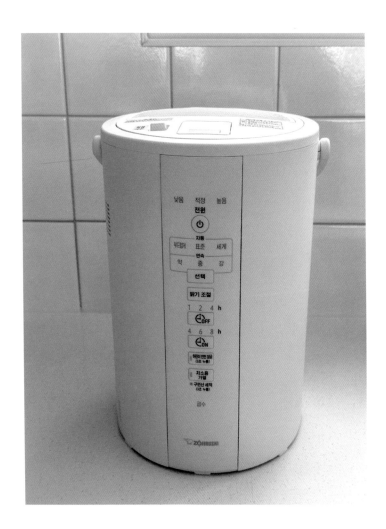

1

그릇에 온수, 구연산 2스푼을 담아
구연산을 녹인다.

2

①을 가습기에 담는다.

3

가습기 최대만수 표시선까지
물을 채운다.

4

가습기 세척모드를 작동한다.

5

한김 식힌 후 물을 버린다.

6

물로 헹군 후 완전히 건조한다.

알아두면
좋은
청소 Q&A

Q 청소할 때 화학세제(락스 등)의 냄새가 부담돼요. 어떻게 하면 좋을까요?

A 천연 세제를 활용해 청소해 보세요. 욕실 청소에는 과탄산소다를
메인으로 하되 주방세제를 추가하면 대부분의 묵은 때는 제거할 수 있습니다.
다만 과탄산소다 사용 시 직접 피부에 닿거나 직접적으로 흡입하면
해로울 수 있기 때문에 장갑을 끼고 충분히 환기하면서 사용합니다.
주방에서는 세스퀴소다를 사용하면 각종 기름때와 오염을 손쉽게
제거할 수 있어요. 여기에 바이오크린콜로 마무리하면 살균, 소독까지
끝낼 수 있지요. 어떤 세제를 써야 할지 막막하다면 일단 본문에서
설명한 바와 같이 주방세제를 물과 희석하여(물 250㎖ + 주방세제 1방울)
오염을 제거해 보세요. 자세한 천연 세제는 17쪽에서 확인 가능해요.

Q 바이오클린콜 대신 사용할 수 있는 세제를 더 추천해주세요!

A 소독과 청소를 동시에 할 수 있는 소독수의 한 종류인 바이오크린콜(14쪽)을
사용 중이지만 레몬과 소주를 1:1로 섞어 레몬 소독수를 만들어 사용해도
됩니다. 기름때 제거에도 활용할 수 있을 뿐 아니라 아니라 냉장고 청소,
주방 청소 시 살균, 소독 효과를 기대할 수 있어요. 또는 화이트식초와 물을
1:1로 섞어서 사용해도 좋아요. 또는 구연산수(22쪽)를 만들어 가벼운 청소에
사용하면 살균, 소독 효과를 기대할 수 있답니다.

Q 청소기 종류는 어떻게 구성하는 게 좋을까요?
습식청소기, 스팀청소기 등등 종류가 너무 다양해요.

A 청소에 대한 관심이 늘어나면서 국내에서도 카펫과 소파 등의 오염을
직접 제거할 수 있는 습식 청소기부터 강력한 스팀으로 찌든 때를 손쉽게
제거하는 스팀청소기까지 다양한 종류의 청소기가 소개되고 있어요.
필요에 따라 다양한 타입의 제품을 가정에 구비해두고 사용하면 좋겠지만
이 또한 추가적인 관리와 보관 장소가 필요한 부분이에요.
이러한 청소기들을 대여할 수 있는 서비스를 이용해
미리 대여해서 사용해 보고 필요 시 구입하는 것을 추천해요.

Q 베개솜은 어떻게 관리해야 하나요?

A 베개솜 중에서도 세탁이 가능한 제품이 있어요. 그 제품을 추천합니다.
베개는 특히나 얼굴과 두피가 직접 닿다 보니 자면서 땀, 침 등이
잘 묻어 세균이 번식하기가 쉬워요. 변기보다 더 세균이 많다는 연구 결과도
있더라고요. 베개 커버는 되도록 일주일에 한 번 이상 자주 세탁하여
교체하고, 베개솜 역시 최소 3개월에 한 번 정도는 세탁하는 것이 좋아요.
여름철에는 더 자주 세탁하는 것이 좋겠지요. 베개를 너무 오래 사용하여
형태가 변경되었거나 세탁만으로 오염제거가 안될 경우에는 교체하세요.

**Q 베란다에 쌓이는 꽃가루와
먼지들.. 어떻게 해야 할까요?**

A 너무 이른 시간에 환기를
하면 더 많은 꽃가루가
유입되기 때문에 되도록이면
오전 9시 이후 환기를 하는
것이 꽃가루 유입을 줄일 수
있는 방법이에요. 또한
최대한 자주 먼지를 제거
하세요. 먼지떨이로 위에서
아래로 털어낸 후 필요에
따라 물걸레질 후 마지막에
마른걸레로 마무리하면 더
깔끔해요. 베란다에 수납한
물건에 패브릭을 덮어두는 것도
관리 면에서 수월하답니다.

Q 로봇청소기 청소법이요!

A 정말 편리하게 사용하고 있는 로봇청소기이지만 기계는 기계일 뿐!
세세한 부분의 주기적인 관리는 필수입니다. 그래야 오래도록
잘 사용할 수 있고 청소기 효율도 유지될 수 있어요.
청소가 필요할 때 알림을 주지만 2주에 한 번 정도 정기적인 청소를 권장합니다.

1 본체의 먼지 통을 비우고 물로 여러 번 헹궈요. 필터도 흐르는 물에 씻어요.
2 안내에 따라 각종 브러시를 분리, 머리카락이나 이물질을 제거한 후
조립해요.
3 본체의 각종 센서도 부드러운 천으로 먼지를 닦아 없애요.
4 도크의 관리도 필수입니다. 교체 시기가 되면 더스트 백을 교체하고
내부 곳곳의 먼지를 닦아요.
5 특히 오염이 심하게 쌓이는
고속 세척 브러시와 워터 필터
부분도 주기적으로 분리하여
이물질을 제거, 흐르는 물로
세척하고 물기를 없앤 후
사용하면 됩니다.

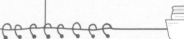

Q 청소하기 싫은 날 마음 다잡는 법 공유해주세요.

A 첫 번째 다른 사람의 청소 영상(두룸의 청소영상 추천)을 보고 자극을 받는
거예요. 누군가의 공간이 청소로 기분 좋게 변화된 것을 보고 나면 나도 해보자
하는 마음이 금방 생기더라고요. 두 번째 신나게 청소할 수 있는 음악을 틀어요.
마지막으로 타이머를 딱 15분 정도로 세팅합니다. 15분이 길다면 5분만
맞춰보세요. 그리고 일단 시작하세요. 타이머가 울릴 때까지 나도 모르게
엄청나게 집중하고 있을 거예요. 더 할 수 있다면 타이머를 다시 맞춰 시작하고
그만하고 싶다면 딱 거기까지만! 너무 지칠 때까지 하지 않아야 다음에 또
시작하고 싶은 마음이 들기 때문에 억지로 하지 않는게 좋아요.

<진짜 기본 청소책>과 함께 보면 좋은 진짜 기본 시리즈

< 진짜 기본 요리책 완전개정판 > 레시피팩토리 지음 / 356쪽

"저 같은 요린이한테 강추하는 책이에요. 네이버 카페나 진왕클 프로그램도 있어서 요리하다가 궁금한 점은 언제든지 물어볼 수 있어요. 요리 도전에 대한 의지도 생겼답니다!" - 온라인 서점 교보문고 ko****** 독자님

< 진짜 기본 요리책 : 응용편 > 레시피팩토리, 정민 지음 / 352쪽

"간장맛 채소닭갈비, 강원도식 물닭갈비, 해물닭갈비, 까르보나라 닭갈비까지. 한 가지 메뉴를 여러 가지로 완전히 다르게, 집밥을 지루하지 않게 만들어 먹을 수 있어요." - 온라인 서점 예스24 o********7 독자님

< 진짜 기본 베이킹책 > 레시피팩토리 지음 / 296쪽

"제가 찾던 베이킹의 진짜 기본을 배울 수 있는 책이에요. 이 책 한 권만으로도 베이킹을 하기에는 충분할 것 같아요. 정말 감사합니다." - 온라인 서점 교보문고 kc****** 독자님

< 진짜 기본 베이킹책 2탄 > 베이킹팀 굽ㄷa 지음 / 196쪽

"1탄이 탄탄한 기본기를 알려준다면 2탄은 1탄을 발판 삼아 좀 더 트렌디하고 업그레이드 된 베이킹을 시도할 수 있어요. 소장가치 충분한 책이에요." - 온라인 서점 알라딘 t****l 독자님

< 진짜 기본 세계 요리책 > 김현숙 지음 / 356쪽

"가장 대표적인 전 세계 요리들이 담겨 있어 흥미로운데다 따라 하기 쉬워 하나씩 만들어 보고 있어요. 정말 재밌는 책이에요." - 온라인 서점 예스24 s******3 독자님

그대로 따라 하면 달라지는
우리집 구석구석
청소 레시피 90개

친짜 기본 청소책

1판 1쇄 펴낸 날	2024년 7월 17일
1판 2쇄 펴낸 날	2024년 8월 20일

편집장	김상애
책임편집	이소민
디자인	원유경
사진보정 및 표지촬영	박형인(studio TOM)
일러스트	조라
사진	정두미
기획·마케팅	내도우리, 엄지혜

편집주간	박성주
펴낸이	조준일

펴낸곳	(주)레시피팩토리
주소	서울특별시 용산구 한강대로 95 래미안용산더센트럴 A동 509호
대표번호	02-534-7011
팩스	02-6969-5100
홈페이지	www.recipefactory.co.kr
애독자 카페	cafe.naver.com/superecipe
출판신고	2009년 1월 28일 제25100-2009-000038호

제작·인쇄	(주)대한프린테크

값 21,000원

ISBN 979-11-92366-39-5